JN039874

クラウドシステム移行・導入

アーキテクチャから ハイブリッドクラウドまで

情報処理学会 監修

金子 格　編著

石黒 正揮　小川 宏高　小向 太郎
櫻田 武嗣　千葉 立寛　林 良一　共著

は じ め に

　現在，クラウドは目覚ましい勢いで拡大しています．その特長は，優れた柔軟性とスケーラビリティであり，事業のあり方を根本的に変革する可能性をもっています．人工知能やIoTとの連携も進んでおり，今後さらに発展していくことは間違いありません．

　本書は，企業や公共機関において，既存システムのクラウド（システム）への移行，および業務システムのクラウド化を担っているエンジニアを対象とした解説書です．クラウドシステムを真に使いこなすには，システム設計と業務フローの両面を同時に再構築しなければなりませんが，このような高度で複雑な課題に取り組むうえでは，従来のクラウドの概念的な入門書，クラウドプログラミング教本，あるいはクラウドのAPIの解説書などはあまり役立ちません．そこで，現在，最前線で活躍する先生方に執筆をお願いし，クラウドシステムへの移行，導入における具体的な実務，また，安定運用とセキュリティにおけるポイント，AIやモビリティとの連携，関連する法律までを包含しました．

　第1章ではまず，クラウドへの移行や導入にあたってエンジニアが最初に悩むであろう，クラウドアーキテクチャの選択について解説しています．この問題1つとっても，しっかりと丁寧に解説した実務書は本書が初めてとなると思います．続く第2章，第3章では，クラウドへの移行や導入について解説しています．第4章ではクラウドの管理面で問題となる，安定運用やセキュリティについて解説しています．第5章ではクラウドの重要な新潮流であるハイパフォーマンスマシンとモビリティのクラウドについて紹介しています．最後の第6章では，エンジニアの方々にとってやや苦手な分野であろう，関連する法律について，最低限知っておくべきことを解説しています．

　組織内のエンジニアがクラウドシステムを利用する場合，設計や運用を専門業者に依頼することも可能です．しかし，クラウドシステムの導入と業務フローの刷新をどう連携するか，さらに重要なこととして，発注者と受注者それぞれの責任範囲について正確に理解している必要があります．そしてそれにもとづき経営判断に必要な情報を経営陣に正しく伝えることは，組織内のエンジニアの責任で

す．クラウドシステムを手放しで利用することは決してできません．

　本書が，急速に進む DX 化の中で戦うエンジニアの一助となれば幸いです．

　最後に，極めてご多忙の中，本書の執筆を担当いただいた先生方に，編者として心からの感謝を申し上げます．また，本書の出版を企画し，編纂にも協力いただいた一般社団法人情報処理学会，ならびにオーム社編集局にお礼を申し上げます．

　2022 年 2 月

金子　格

目　　次

第 1 章　　システムのクラウド移行・導入をデザインする

第2章　　クラウドのアーキテクチャを正しく理解する

第 3 章　　クラウドにおけるアプリケーションの開発と運用

第4章 クラウドセキュリティの考え方と実践

第 1 章

システムのクラウド移行・導入をデザインする

　自社システムをクラウドに移行する，あるいは自社システムにクラウドを導入するにあたって，まず何から始めたらよいだろうか．システム担当者として，最も悩むのはこの点ではないだろうか．クラウドについて漠然とした知識はあるようでも，実務レベルの知識となるとやや自信がないのである．

　本章では，自社システムをクラウドに移行する，あるいは自社システムにクラウドを導入するための基礎知識とポイントを述べる．

1.1

本書を読み始めるにあたって

　自社システムをクラウドに移行する，あるいは自社システムにクラウドを導入するにあたって，システム担当者には，クラウドに関する実務レベルの知識が求められることになる．いまやクラウドについてまったく知らないというシステム担当者はおそらくいないだろうが，専門的な知識やスキルについてはやや自信がもてないという読者も少なくないのではないだろうか．

　実際，現在のクラウドを支えている技術は高度かつ複雑であり，しかも日進月歩で進化している．各社におけるインフラストラクチャの担当者，アプリケーション開発の担当者，およびシステム運用の担当者として，常にクラウドの個々の技術の詳細を理解しておくのは少し難しいかもしれない．しかし，クラウドを使用するユーザの立場から最低限の知識とポイントを押さえておくことは可能であるし，担当者であれば，その責任があるのではないだろうか．全体的なイメージをつかめれば，個々の技術はぼんやりとしていても，取り組むべき課題がみえてくることだろう．

　また，技術の理解だけでなく考え方のコツをつかむことも重要である．クラウドシステムを利用するという観点からすれば，従来型のハードウェア自体を購入・レンタルするようなオンプレミス上であっても，クラウド上であっても，システムに求められる要件は本来は同じである．しかし，現実にはこれまでのオンプレミス型のシステムでは，あまり本質的な要件について考慮してこなかったのではないだろうか．そのため，「クラウドでは何かが異なる，違う」と考えてしまうところがあり，その結果として疑問やなんとなくの恐れを抱いたりする可能性もあるだろう．したがって，クラウドについて技術的な側面だけを捉えるのではなく，考え方などを含めた周辺知識も正しく理解していくことが重要なのである．

　以上を踏まえて，本書では，クラウドシステムを使ううえでの考え方からスタートする構成となっている．そして，クラウドシステムに関連した主な技術だけでなく，考えるべき指針についても述べている．さらに，各種規制への対応の観点などからも述べていく．なお，大学の情報工学科で学ぶような基礎的なIT用語や情報技術に関しては，他書を参考にしていただきたい．

　本書を手にとる読者の方々には，すでにオンプレミスでインフラストラクチャ，

アプリケーション，システム運用などに，何らかの形でかかわってきた方々も多いだろう．したがって，本書ではオンプレミスとクラウドを比較する形で，クラウドの特徴をより理解しやすいようにまとめてある．また，こういった構成とすることで，これから学ぶ方々にとっても，まず最初に重要な考えるべき指針を理解していただくことができると考えている．この指針は，クラウドに限らず，広く応用が利くだろう．

1.2 クラウドを活用するメリット

　クラウドは比較的，新しい概念である．したがって，まずはじめに単にクラウドを利用するだけではなく，活用していくうえでのメリットを整理しておこう．

　これまでのコンピューティングとクラウドコンピューティングで大きく変わる点は，「必要なときに，必要なだけ，リソースが利用可能である」ということである．そして，だからこそ，「責任範囲を理解したうえで利用する」が一層重要となる．これがクラウドコンピューティングにおける基本の所作であり，つまり，クラウドを活用する大原則である．クラウドを単に「利用」していくだけならばオンプレミスと変わらないと考えてよいが，クラウドを「活用」していこうと考えたときには，考え方の変革が必要になってくる．クラウドをクラウドらしく使えなければ，クラウドを使う意味が薄れてしまうだろう．

　また，日常的に使われている**クラウド**（cloud）という用語の定義は曖昧である．ハードウェアを用意して，そのうえで仮想化環境を立ち上げただけのものをクラウドということさえある．ここで，一般的な NIST（National Institute of Standards and Technology，米国国立標準技術研究所）でのクラウドの定義[*1]について改めて確認してみよう．それによると，**クラウドコンピューティング**（cloud computing）とは，「ネットワーク，サーバ，ストレージ，アプリケーション，サービスなどのコンピューティングリソースを，最小限の手続きで，速やかに割り当てて利用でき，また速やかに解放できるモデル」とされている．つまり，クラウドコンピューティングとは，「需要に応じてリソースを速やかに拡大，縮小できるもの」である．ハードウェアリソース等を意識せずに，「必要なときに，必要なだけ

[*1]　SP 800-145 The NIST Definition of Cloud Computing
　　https://csrc.nist.gov/publications/detail/sp/800-145/final

リソースを利用」できる理想的な環境がクラウドであり，単なる仮想化やハウジングの利用は本来のクラウドではないのである．つまり，単なるオンプレミスでの仮想化やハウジングの利用はハードウェアを所有することになるから，（本来の定義に照らせば）所有しているリソースの制限を受けるため，クラウドとはいえない．

　他方，クラウドといえど，それ自体はどこかのハードウェアで動作しているわけであるので，基礎となる技術要素自体はオンプレミスと劇的には変わらない．しかし，それらの要素をどう組み合わせて，どのように使うかまで考えていく点が，これまでと大きく異なる．そのため，クラウドを「活用」していくためには考え方の大変革が必要である．それによって，はじめて耐久性や可用性 *2 の高いシステムを構築できることだろう．

1.3　クラウドコンピューティングの用語

　コンピューティングにおいては独特の用語がいくつもあるが，そのうち曖昧になりやすい用語，クラウドコンピューティングならではの用語について，ここで簡単に紹介しておく．

1.3.1　AZ

　地理的に独立した 1 つ以上のデータセンタから構成されたデータセンタ群を AZ（Availability Zone，アベイラビリティゾーン）という．ここで，「地理的に独立」とは，他の AZ が同じ敷地にない，例えば数 km 以上離れていて，1 つの災害で同時に被害に遭いにくくなるよう設計されているといったことを表す．したがって，当然であるが，電源や空調，ネットワーク等もそれぞれ独立でなければならない．クラウドでは，複数の AZ を設けて，災害対策を行うことが通常である．

　ただし，同じ敷地内であったり，ラックが隣，あるいは，電源をとっている UPS（Uninterruptible Power Supply）が別だったりするだけで AZ と呼んでいるケースもあるため，サービスの中身を一度確認することをおすすめする．

---

*2　**可用性**（availability）とは，インフラストラクチャの障害などが発生した際にも，アプリケーションやシステムを停止することなく，稼働し続けることやその指標のこと．冗長化などにより，一方が故障しても，他方がその処理を継続するシステムなどを「可用性が高いシステム」という．

1.3.2 リージョン

　地理的に比較的近い AZ を束ねたものを**リージョン**（region）という（**図 1.1**）.
クラウドでは，このリージョンを単位として，複数の AZ を利用したサービスが
提供される．ここで，災害対策のほかコスト効率，および（1 か所落ちたとして
も支障なくサービスを提供し続けられるよう）冗長性の保持の観点からも，3 か
所以上の AZ がリージョン内にあって使えることが望ましい．また，レイテンシ

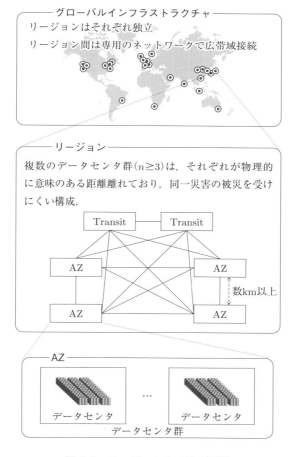

図 1.1　リージョンと AZ の関係

(latency)*³の観点から，それぞれの AZ 間はあまり離れすぎず（例えば 100 km 程度以内），高速なネットワークで冗長化（27 ページ参照）された状態で利用可能であるのがよいだろう．例として Amazon Web Service（AWS）をみてみると，1 つのリージョンは 3 つ以上の AZ で構成され，それぞれ AWS 内の高速ネットワークで接続されている．なお，AWS においては，AZ が複数ない場合にはローカルリージョンとして，通常のリージョンと区別されている．

ただし，クラウドサービスによっては同じ敷地内であったり，ラックが隣，あるいは，電源をとっている UPS が別だったりするだけでリージョンと呼んでいる場合もあるため，サービスの中身を一度確認することをおすすめする．

1.3.3 VPN

論理的に区切られた仮想的なクラウド空間を **VPC**（Virtual Private Cloud，バーチャルプライベートクラウド）という（**図 1.2**）．名前のとおり，その中でプライベートなクラウドを作成して利用することができ，企業のオフィスや学校のキャンパスなどのネットワークと専用線や **VPN***⁴で接続することで，それらの延伸としても利用できる．VPC は複数作成することが可能であるので，プロジェクト，部

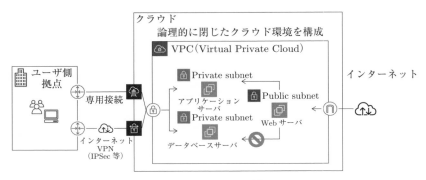

図 1.2　VPC の例

---

*3　データ転送を要求してから，そのデータが返送されてくるまでの遅延時間のこと．遅延が小さいことを「低レイテンシ」ともいい，一般的にシステムの同期や複製を行う場合には低レイテンシであるほうが望ましい．

*4　Virtual Private Network の略．**仮想プライベートネットワーク，仮想専用線**とも呼ばれ，2 つの拠点間に仮想的な直接接続を構築する．一般にインターネットを経由した接続で，機密性を保つため，IP 通信上で暗号化等を行い拠点間を専用のプロトコルで接続する．

署，研究室ごとに別の VPC を作成して独立させたり，本番環境とテスト環境を分離したりといった使い方も可能である．

それぞれの VPC は独立しており，他の VPC が影響を与え合うことはないように設計されていなければならない．また，VPC に外部と通信するネットワークをつながなければ，VPC の外からはアクセスできない環境でなければならない．サービスがこのように，論理的に独立され，他の論理的に独立した環境から影響を受けない形で提供されていることで，セキュリティの向上が見込めるだけでなく，性能面などでの影響も受けにくくなることが期待される．したがって，このような形で提供されているか確認することをおすすめする．

1.3.4　マネージドサービス

マネージドされた，つまり，管理された状態で利用可能なサービスを**マネージドサービス**（managed service）という．マネージドサービスである場合，ユーザが目的の機能を利用したいと考えたときにすぐに使うことができ，利用すること以外のことはクラウド側で準備される．

例えば，あるデータベースを利用したいユーザがいるとしよう．これまではユーザ自らサーバを用意し，OS とデータベースエンジンをインストールする必要があった．さらに，**レプリケーション**（replication）[5]やバックアップなどに関しても，そのためのサーバなどを用意し，自分で設定する必要があった．マネージドサービスの場合，これらはすでにサービスとして提供されるので利用するだけである．

マネージドサービスによって，アプリケーションとそれより上の部分をユーザ側，それより下の部分をクラウド側として，責任を分担する責任共有モデル（**図 1.3**）が構築できるため，ユーザが目的の実現に集中することが可能となる．クラウドを活用する場合，積極的にマネージドサービスを利用するのがよいだろう．

1.3.5　エッジロケーション・PoP

クラウドでは，主にユーザがリソースを置くデータセンタ群のほかに，エッジ

---

[5]　一貫性を保ちながら複製（レプリカ）を作成すること．データはリアルタイムに複製される．本番，予備系を用意した冗長化や参照先分散等に利用される．

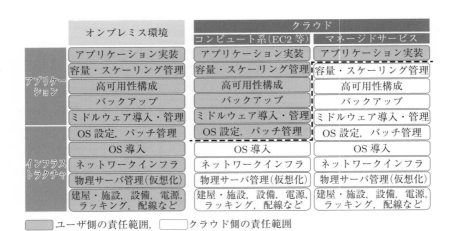

図1.3　マネージドサービスを利用した場合の責任共有モデル適用例

ロケーション（edge location）[6]として **CDN**[7]などのキャッシュなどを置く拠
点がある．また，クラウドと外部ネットワークの接続拠点として **PoP**（Point of
Presence）がある．この PoP にオンプレミスから専用線などで接続することで
もクラウドを閉域網で利用することが可能となる．これらエッジロケーションや
PoP もクラウドサービス内の広帯域ネットワークで接続されている．クラウドサー
ビス内の広帯域ネットワークを利用できるため，CDN を利用する際のオリジン
側（オリジナルコンテンツがある側）との通信や，ユーザ側の拠点に近い場所か
らクラウドへ専用線接続しての通信などを安定させることができる．

1.4　クラウド移行・導入によってシステムはどう変わるのか

　クラウドを利用すると，従来のシステムはどのように変わっていくのだろうか．
システムを設計・構築・運用していくことには変わりはないので，これまでのオン

---

[6]　主に CDN 等が配置されるアクセス元に近い拠点のこと．一般に世界中の主要都市などに
　　分散配置されている．

[7]　コンテンツデリバリネットワーク（Content Delivery Network）の略．主に，Web コ
　　ンテンツをインターネット経由で効率的に配信するために最適化したネットワークのこと．
　　一般に，多数の拠点でキャッシュしたコンテンツを保持しておき，アクセス元からみて最適
　　と判断される拠点のキャッシュからコンテンツを配信するしくみである．

プレミスと基本的な考え方は変わらないはずである．しかし，単純にそのままの考え方でクラウドを利用するならば単に「利用」しているだけにすぎず，クラウドを「活用」していることにはならない．

したがって，クラウドを活用することで，従来のシステムをどのように積極的に変えていくべきだろうかといったほうが適切な表現である．なぜなら，クラウドでは必要なときに，必要なだけのリソースが速やかに割り当てられる点がこれまでのコンピューティングリソースと大きく異なるからである．

つまり，従来のオンプレミス環境やその延長の単なる仮想化では，特にコスト面で現実的ではないため考えてもいなかったことが，クラウドを利用することで可能になる．これは，コスト，リソースサイジングと災害対策，冗長化とバックアップ，責任共有に対する考え方，プライバシーと国の捜査機関等の要求への対応，および，ハードウェアの管理において，多大な変革をもたらす．

1.4.1　コスト

まずコストの面からみていこう．クラウドの利用によって，コスト最適化や機会損失の低減が可能である．つまり，クラウドでは必要なときに，必要なだけリソースが使用できるため，リソースが大量に必要な際には多くのリソースを確保し，逆に必要がなくなったらリソースを減らしたり，削除したりすることで，それにかかるコストを減らすことができる．

また，クラウドを利用することで，リソースの確保のためにかかるリードタイムを減らすことができるため，急な事態でサーバのトラフィックが増大してしまい，受注や処理が一時的にできなくなるといった機会損失も減らすことができるであろう．

一方，明らかに不要なリソースまで確保していては無駄なコストの増加につながる．クラウドを活用する際には，どこに，どれだけのコストをかけるべきかを考えることが，これまで以上に重要である．

一般に，クラウド移行・導入によってコストが下がるが，実際に金額を試算してみると，大きく変わらない場合がある．この理由を考えてみよう（**図 1.4**）．

まず従来のオンプレミス環境で**総保有コスト**（**TCO**: Total Cost of Ownership，**図 1.5**），つまりシステムの購入から破棄までにかかる時間と支出の合計でコストを試算する場合，多くのケースでは，ハードウェアやソフトウェアの購入，また

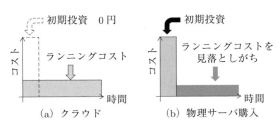

図 1.4　クラウドとオンプレミス環境のコスト試算における注意点
（実際には初期投資だけでなく，ランニングコストも必要）

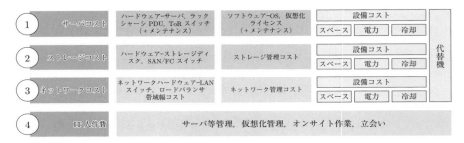

図 1.5　TCO の例

はレンタル費，初期保守費のみが計上され，そのほかに必要なはずの建物や土地
の利用料，光熱費，システム保守費，および，保守のための人件費までは含めて
いないことがある．

　次に，クラウドでは複数のアベイラビリティゾーンを用いてオンプレミスのと
きよりも可用性を向上するなどができる．その構成とこれまでのオンプレミスシ
ステムを比較する場合，比較するオンプレミス側の冗長化，可用性などの条件が
クラウド利用時と同じになっておらず，比較が正しくない場合がある．

　また，メンテナンスやトラブル対応といった面でも費用を加味していないこと
もある．オンプレミス環境の場合，システムリプレースや障害が発生した際に，
業者への連絡や実際の作業の日時調整を行い，業者の作業員が作業するとしても
発注者側の誰かが現地で立ち会う必要も出てくる．また，障害はいつ起きるかわ
からない．その人的コストや負担の大きさも，本来考えなくてはならないコスト
である（**図 1.6**）．

　さらに，コストを固定額で試算してしまっていることがある．クラウドは必要
な分だけを利用することができるので，基本的に従量料金となるはずであるが，

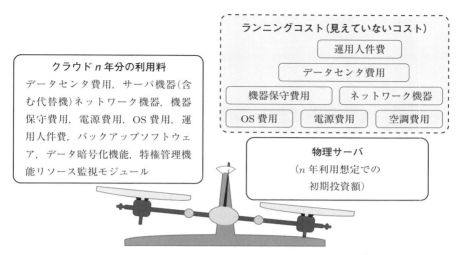

図 1.6 TCO の比較例
　(物理サーバ購入の場合には，アプリケーション側に問題がなくても，ハードウェアの保守等の問題で，数年後に再度リプレイスが発生)

オンプレミス環境に合わせて固定費でコストを試算してしまうことがある．特に，間に業者が入る場合，業者が最大の可能性を考えて固定費で見積もる場合があり，当然ながらその分，高額となってしまう．ユーザ側において，コンピューティングサービスは，変動で購入するという購買の考え方の変革が必要である．

　以上をポイントとして，クラウドとオンプレミスの間でコストを比較検討する際には，同じ水準，同じ範囲で比較することに注意が必要である．

1.4.2　リソースサイジングと災害対策

　クラウドをよりよく活用するためには，クラウドの良さが活きるよう，クラウドらしく使うことが大切である．その1つのポイントが，リソースサイズを利用状況に応じて，適切に設定・調整することである．

　オンプレミスでのリソースサイズ設計では通常，ハードウェアの調達は即時にできないので，もしもに備えてリソースを余らせる．ハードウェアは発注・納品だけで1か月以上かかることもあり，ラック等への設置・配線，OSのインストールなどを含めるとリードタイムが数か月〜半年程度になることさえある．それでも，必要とされるリソースを予測することが難しいため，過剰なリソースを確保

してしまったり，急激な利用の増加にリソースの増強が追いつかなかったりすることがある．いいかえれば，オンプレミスでは通常，過剰なリソースコストを支払っている．

対して，クラウドではリソースの増減が容易であるから，実際に環境を試しながらリソースサイズの調整をしていくことができる．したがって，クラウドを活用する場合は，オンプレミスのときのように予測より過剰なリソースをあらかじめ確保しておくのではなく，まず予測とほぼ等しいだけを確保しておき，後で必要になったら追加し，不要になったら削除するという考え方が大切である．

さらに，定期的に使用しているリソースを見直して，最新のリソースにすることもポイントである．一般的に，クラウドの計算能力は年々向上しており，コスト性能比でみた場合，最新のリソースのほうが割安である．

1.4.3　冗長化とバックアップ

災害および人為的ミスの対策の一環としてシステムの可用性を高めるため，多くのシステムでは冗長化が図られている．オンプレミスではサーバを設置する場所が制約となるので，同じ場所や建物内での冗長化が限界であることが多い．対して，クラウドの場合，それぞれ地理的に独立した複数のデータセンタ群を利用することが容易に可能なので，高度な冗長化を図ることができる．ただし，通信スピードは光速を超えられないから，それぞれの場所間の距離が数百 km もあると，レイテンシの問題が発生してしまうので，データセンタ群の間は，冗長化の観点で意味のある距離で，かつ，レイテンシの問題が発生しにくい距離（数 km 以上）とするのがよいだろう．なお，使用するデータセンタ群は，広帯域・低レイテンシの内部ネットワークが用意されており，冗長化に必要なロードバランサ（38 ページ参照）などがデータセンタ群をまたがって容易に利用できるなど，可用性が高いほうがより望ましい．

また，クラウドで冗長化を図るときには，これまでのオンプレミスにおける常識を疑わなければならない．オンプレミスでは，例えばリソース 1 の大きさが常に必要な場合，常時稼働の 1 のリソースのほかに，冗長化のために，別の独立したデータセンタと契約してまったく同じリソースを確保する，つまり，1＋1 で合計 2 のリソースを確保する必要があった．また，それらの間をつなぐ通信回線も用意する必要があった．

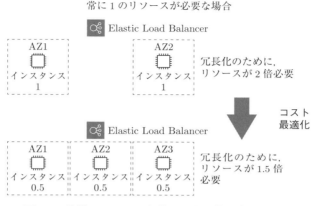

図 1.7　複数のリソースを使った冗長化の考え方の例

　対して，クラウドでは，独立したデータセンタ群をすべて「常に」使って，可用性を高めながら運用できる．例えば，常に3つ以上の独立したデータセンタ群を使う場合，それぞれ0.5ずつのリソースを確保（コストもその分だけ発生）し，0.5 + 0.5 + 0.5で合計1.5のリソースを確保する．これによって，独立したデータセンタ群2つを利用する場合（合計2のリソース）に比べ，0.5だけリソースおよびコストを節約できる（**図 1.7**）．また，3か所にリソースが分散されるため，もし，1つのデータセンタ群で被災したり，障害が発生したりした場合でも，稼働に必要なリソース1が確保できる．さらに，万が一，2か所のデータセンタ群が同時に被害や障害を受けても，0.5のリソースは確保できる．このように，クラウドを利用すると，十分な冗長化を図りながら，オンプレミスよりも容易に可用性を向上させつつ，コストを最適化することもできるのである．

　バックアップが一切行われていないシステムはないと思うが，実際にバックアップデータからの復旧テストを行っていないというケースは多い．災害や人為的ミスの対策としては，耐久性の高いストレージで，地理的に複数に分散された場所に保管し，日ごろからそのバックアップからの書き戻し訓練をしておくことが望ましい．

　クラウドに限らず，どのようなシステムをつくったとしても，壊れる可能性を0にすることはできない．したがって，システムは壊れる可能性があることを念頭に置き，壊れた際にどのように対処し，いかにして回復するかをあらかじめ考えておく必要がある．システムの構成，運用においては，クラウドの利点を活か

図 1.8　災害対策の主な手法と時間軸

すためにも，必ずこの点を考慮に入れておきたい．

　一方，オンプレミスの場合，リソースが限られるため本番環境に書き戻してテストするような形態しかとれないが，クラウドの場合，リソースが潤沢に利用できるので，本番環境の運用中でも，別に用意したリソースにバックアップをリストアして確認することが可能である．同様にして，ソフトウェアのバージョンアップやパッチ当てなども，本番環境とほぼ同じものに対してテスト等が可能である．

　さらに，クラウドでは，災害対策だけでもバックアップ・アンド・リストア，パイロットライト，ウォームスタンバイ，マルチサイト*8と，さまざまな手法が手軽にとれる．一方，これらの活用においては，どの時点のデータまで復旧できればよいのか（**RPO**: Recovery Point Objective），復旧にかかってもよい時間（**RTO**: Recovery Time Objective）をそれぞれのシステムごとに決めることが重要である．RPO も RTO もどちらも短ければ短いほどよいわけではあるが，その分，必要となるコストは増加するので，どの手法でどの程度の災害対策を行うのかをよく考える必要があるだろう（**図 1.8**）．

1.4.4　責任共有に対する考え方

　クラウドの活用にあたっては，責任共有の考え方を改めて確認することも必要である．クラウドを活用している立場にありながら，漠然とした不安をもち続け

---

*8　**バックアップ・アンド・リストア**（backup and restore）：バックアップファイルのみを別のリージョン等に退避しておくこと．
　パイロットライト（pilot light）：停止した状態のサーバを別のリージョン等に用意しておき，障害発生時に立ち上げること．データ（例えば，ストレージやデータベース）はその別リージョン等に同期しておき，起上げ時に利用できるようにしておく．
　ウォームスタンバイ（warm standby）：平常時は，最小限のリソースで別のリージョン等にサーバを起動し，データを同期しておき，非常時にそのサーバをスケーリング（32 ページ参照）させることで，迅速にサービスを提供すること．
　マルチサイト（multisite）：常時，複数のリージョン等を用いてサービスを提供すること．

ている方もいるだろう．不安を取り除くには，クラウドについて正しい知見を身に付け，そのしくみを理解してもらうしかない．そのうえで，自らのシステムの要件を明確にして，正しくクラウドを選択すればよい．

また，これには**責任共有モデル**（shared responsibility model）に対する理解も重要である．責任共有モデルとは，それぞれが行うべきことを理解し，それぞれが責任をもってそれらを遂行することをいう．オンプレミスでも必要な考え方であるが，ハードウェアを調達し，導入作業を行っているうちに，責任の分解点や所在が明確にされないまま，何となく運用に入ってしまうことも多いのではないだろうか．

しかし，クラウドの活用にあたっては，この責任共有モデルへの理解，そしてそれぞれが責任をもつ部分への理解が重要である．

クラウドでは，クラウドそのものはクラウド提供側，対してクラウドの中，つまり，中身をどう使うかはユーザ側の責任である（**図 1.9**）．クラウド提供側がユーザデータを直接扱うことはないし，ユーザシステムを構築することもない．これらはすべてユーザ側で考慮する必要がある．

さらに，ユーザ側は 1 層とは限らず，間にシステムインテグレータが入る場合など，多層となることもあるだろう．いずれにせよ，どこが責任をもたなければならないのかを理解しておくことが大切である．

責任共有モデルが理解されておらず，責任分界点などが決められていない状態でも，平常時は問題がないかもしれない．しかし，一度インシデントが発生して

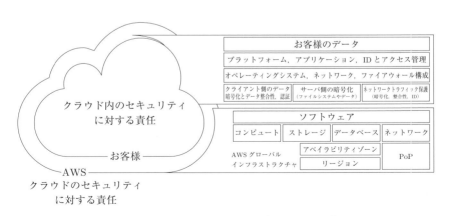

図 1.9 責任共有モデルの例（AWS の場合）

しまうと，その切分けを行う人がいない，実際に問題を解決する人がいないという事態におちいる．本来は大至急，インシデントの解決に向けて行動しなくてはいけないはずであるのに，誰が責任をもって対処するのかを決めることに時間をとられてしまう．結果としてインシデント対応が遅れてしまい，遅れた分だけ影響が大きくなってしまう．また，責任共有モデルができていなければ，システムやデータへのアクセス権なども曖昧になってしまう．

したがって，責任共有モデルを関係者全員が理解し，あらかじめ責任の範囲を確認しておき，いざインシデントが起きたときにそれぞれが担当部分に責任をもつことが重要なのである．特にクラウドを活用する場合は，活用しようとしているクラウドに責任共有モデルが適用できるようになっているのかをあらかじめ確認することも重要である．

1.4.5　プライバシーと国の捜査機関等の要求への対応

クラウドの活用にあたっては，プライバシーやデータの所有・コントロール権に関して，クラウド事業者があらかじめ公表している内容をよく確認し，責任共有モデルが適用できるようになっているかを確認するのがよい．そして，責任共有モデルにおいてユーザ側で考えるべき範囲を少なくするために，クラウド側で用意されているマネージドサービスなどを積極的に利用することも考慮に入れたい．

責任共有モデルを適用し，クラウド自体のセキュリティに対する責任をクラウド事業者，クラウド内でのセキュリティに対する責任を利用者側とすれば，プライバシーや個人情報保護についての考え方も整理できる．すなわち，クラウド内のデータに関してはユーザ側が保持，コントロールでき，クラウド事業者側はアクセスできないと整理ができる．

注意しなければいけないのは，この場合，クラウド事業者は個人情報を扱うとは分類されないことである．ユーザがデータをシェアするとしない限り，データは他とシェアされることはないし，データが勝手に移動されることもないはずである．

一方，データセンタがある国の捜査機関等から，データ提出を要求された場合にどうなるか気にされる方もいるだろう．任意に協力を求められたのではなく，法律にもとづいた手続きが行われた場合には，クラウドに限らず，どの事業者であっても当然ながらそれにしたがう必要がある．法律を遵守する必要があるからであ

る．少なくとも捜査機関等は，クラウドサービス内のどの場所のどのデータ，物理的に提出させるならば，どこにあるどのハードウェアといったところまで特定してからの手続きとなるだろうから容易に行われるものではないことは想像できるだろう．ただしユーザ側として，この点を気にする必要がある場合，データをあらかじめ暗号化しておくのがよいだろう．責任共有モデルとも関連するが，暗号化キーがユーザ側の手元にしかない場合，事業者がデータを捜査機関等に提出せざるをえなかった場合でも，そのデータは暗号化されたままであるため，ユーザ側である程度のデータの保護が可能である．捜査機関等は暗号化キーの提出をユーザ側に求めてくるだろうが，少なくとも，知らない間に生のデータが捜査機関等にわたる可能性は低くなると考えてよい．また，ユーザ側で暗号化するには手間がかかるため，暗号化機能を容易に利用でき，キーがユーザ側にしかわからない設計となっているクラウドサービスを選ぶという方法もある．

なお，プライバシーと国の捜査機関等の要求への対応において，クラウド事業者と係争になることに備えて，個々のクラウドサービスがしたがうと定めている法律（準拠法）についても気にする必要はあるだろう．しかし，あらかじめ責任共有モデルにもとづき，データはクラウド事業者で扱われないとしていれば，クラウド事業者と係争になること自体は少ない．むしろ，データを扱うシステム側と係争になる可能性は大いにあるため，間に構築・運用業者が入る場合などには，責任共有モデルにもとづき，プライバシーと国の捜査機関等の要求への対応等をよく整理しておく必要がある．

1.4.6　ハードウェアの管理

オンプレミスの場合，集めたデータを保管するハードウェアの管理には，かなりの労力とコストをかけているのが通常である．したがって，クラウドの活用にあたって，データセンタの所在地を確認して，現地に立ち入る必要があると考える人は少なくない．監査のために必要と考えていたり，そこまで明確な理由はなくても，なんとなく現地に立ち入れたほうが安全なのではないかと考えていたりする．しかし，真のクラウドサービスに近い場合には，サービスとして提供されているわけであるので，データセンタに立ち入って物理機器を眺めたところでユーザができることはない．また，日ごろの運用が正しく行われているかについては，短時間の訪問かつ1回限りではわからず，長期間にわたって複数回，監査しなく

てはわからない.

　そのうえ, データセンタの所在地が公開されるということは, いたずらや妨害行為のハードルが下がるということである. データセンタに, あるユーザが立ち入ることができるということは, 1棟まるまる契約でもしていない限り, 別の契約のユーザも同じデータセンタに立ち入ることができるということになり, セキュリティの水準が下がることになる.

　クラウド事業者でも, データセンタにアクセスできる人数を可能な限りしぼっており, 社員であっても正当な理由がない限り, データセンタへのアクセス権は付与されず, 必要がなくなったら即座に剥奪される運用になっているのが通常である. 加えて, 有刺鉄線などで侵入を抑止, ガードマンを配置し, 適切に入退館でのセキュリティチェックや侵入アラームへの対処などを行っている.

　したがって, データセンタの監査については, ユーザが直接行うかわりに, 第三者機関がある程度長期間にわたって監査したレポートなどを活用するのがよいだろう. 一例としては SOC1, 2, 3 レポート (Service Organization Controls 1, 2, 3 report) などがある. ただし, SOC 1, 2, 3 レポートは, ユーザの手元に渡るまでの間で改ざんされるリスクがあるので, できる限りクラウド事業者が公開しているレポート内容を直接確認するほうがよい.

　一方, ストレージの取扱い状態も気になるだろう. ストレージは次の利用者が使用する前に, 適切に消去等がされる必要があり, 利用が終了したストレージ媒体はデータセンタから外に搬出される前に完全に破砕されるのが望ましい. クラウドではこのように運用されているはずであるが, 一度確認するのもよいだろう. 完全に破砕されれば絶対に復元できないかというと, オンプレミスでも同様であるが, 溶解しない限り, データを復元できる可能性がまったくないわけではない. もしクラウド事業者の対応が十分ではないと考える場合, データをあらかじめ暗号化しておくのが望ましい. そうしておけば, 利用が終了した際には, 暗号キーを破棄することでデータの復元が十分に困難になる.

1.4.7　カーボンニュートラル

　昨今, 地球環境保護の観点から**カーボンニュートラル** (carbon neutrality), つまり, 二酸化炭素の排出ゼロの達成が必要とされてきている. 今後, 情報機器を扱う際にも, カーボンニュートラルであることが求められてくるだろう. コンピュー

タにおいては，そもそも電力を使わなければ最もクリーンではあるが，現実には
そうはいかない．

一方，クラウドシステムは一般的に電力効率を高める形で運用されることが多
く，オンプレミスと比べて環境負荷を下げることができるだろう．また，クラウ
ド事業者の中には，カーボンニュートラルの実現に向けた取組みとして，太陽光や
風力発電といった施設を自ら建設するなど，再生可能な電力エネルギーの調達を
全世界的に積極的かつ大規模に進めているところもある．さらに，データセンタ
の建設で用いられるコンクリートをサステイナブルな代替品に変更したり，コン
クリートに二酸化炭素を閉じ込める技術の開発などに投資したりもしている．ク
ラウドシステムを使用することで，カーボンニュートラルの実現に一歩近づくこ
とができるかもしれない．

1.5 活用するクラウド環境の選び方

1.5.1 リソースの大きさ

クラウド環境の選択の際には，非常時にも潤沢なリソースを提供可能であるの
かを確認することが望ましい．これまで述べてきたリソースの観点からは，使い
たいときに必要なだけリソースが使える，つまり潤沢にリソースがあるクラウド
環境を選ぶ必要があるからである．いわゆるプライベートクラウドと呼ばれるよ
うなハードウェアや，あらかじめリソースが決まっているものを使うわけでない．

特に，平常時には個々のクラウド環境の間で大きな差がないようにみえても，
緊急事態でリソースの需要が急増した際などには顕著になる．記憶に新しいとこ
ろでは，2019 年に発生した世界規模での COVID–19（新型コロナウイルス）の
蔓延の影響により，全世界で計算リソースが早急かつ大量に必要となったことが
あった．可及的速やかなウイルスの解析やワクチン・新薬の開発，さらに，急遽，
一般企業や教育機関でもリモート環境が必要となり，一部のクラウド事業者にお
いては，利用者を格付けしてリソースを配分すると発表したり，サービス全体に
影響が出たりしてしまった例がみられた．過去の実績なども確認しながら，クラ
ウドの選択をしていく必要があろう．

また，インシデント発生時の対応においても，リソースが十分にある利点は大

きい．フォレンジックを行いたい場合，そのためにハードウェアを割り当てないといけない．フォレンジックで必要となるであろう，さまざまな操作ログをとることができるサービスを利用していれば，日ごろからログ等を残しておくことができる．

1.5.2　ロックインの影響

消費者を囲い込むことを，英語で consumer lock–in という．IT 分野でも，同種の他の事業者が提供するサービスへの乗換えが困難な状態になることを**ロックイン**（lock-in）と呼ぶ．

クラウドを活用するうえで，このロックインは気になるだろう．しかし，オンプレミスの場合でも，有償の OS やソフトウェアを使っているのが普通だし，ストレージなどのハードウェアの増設でも，同一ハードウェアメーカのものが必要になるなど，何らかの形でロックインはされているのである．クラウドだからロックインされるというのは誤解である．

ただし，責任共有モデルにもとづき，データはユーザのものであり自由にコントロールできるということが大前提である．

ほかに，クラウドに移行した後に，値上げやサービスの停止について漠然とした不安をもたれる方もいるだろう．しかし，オンプレミスでは，電気代などについては価格変動があるのは当然として許容してきたはずである．将来については世界情勢なども関連するだろうから誰にもわからないことではあるが，そのクラウドサービスについて，過去に値上げをしていないか，自主的に値下げを繰り返しているかなどを確認するのもよいだろう．また，利用しているユーザが多ければ多いほど社会的影響は大きく，突然サービスを停止することは現実として考えにくいのではないだろうか．これらを確認，考えることによって，漠然とした不安を解消できるかもしれない．

また，ロックインを避けるだけの理由で，複数のクラウドサービスを利用することは最初に考えないほうがよいだろう．個々のクラウドでセキュリティや運用の水準が異なるので，複数のクラウドを同一に扱おうとすると，水準が低いものに合わせざるをえない．また，それぞれの特徴が異なるため，運用が煩雑になる可能性もある．運用にかかるコストを減らし，オンプレミスのときよりも高い水準でシステムを動作させようとしてクラウドを使うのに，低い水準に合わせるので

は本末転倒である．まずは，きちんと高い水準のクラウドを使いこななすのがよいだろう．それでも，複数のクラウドを使いたいのであれば，綿密な戦略をもって使うべきである．

1.6 システムインテグレータとしてのメリット

本来，クラウドの機敏性を活用するには，ユーザがシステムを自ら 100%構築（内製），あるいは，そこまでしなくても主導的に構築にかかわることが重要であるが，日本においてはシステム構築にシステムインテグレータ（以後 SIer と呼ぶ）を利用することが多い傾向にある．

システムを開発するには開発のための環境が必要になる．運用後はバージョンアップやパッチ適用が発生する．これらは SIer の業務となる．クラウドを活用すれば，開発のためのリソースは迅速に用意できるし，開発が終了すれば即座に利用を停止できる．また，バージョンアップやパッチ適用でも本番環境をコピーし，適用テストを行ったり，適用した環境を本番環境と入れ替えたりなど，さまざまな戦略で実施可能となる．このように，SIer としてもクラウドを活用することによるリソースの制限から解放されるメリットは大きい．

また，オンプレミスやハウジングなどの場合，ハードウェアの保守が必要である．そのために，日ごろから部品と作業員をすぐに確保できる体制を整えておき，保守のたびにユーザに立会いを依頼して現地に立ち入る必要があるが，クラウドを活用すればこれらは原則，不要である．現地に駆けつける必要がないから，顧客が増えても，リモートで効率的に運用することが可能である．遠隔のユーザに対しても対応可能である．

ソフトウェアだけを導入する SIer であっても，クラウドを活用することによって現地に行かずに済むことのメリットは大きい．例えば，自分たちの環境でユーザ側と同様の環境をクラウド上で構築してテストすることも可能である．さらに，一度クラウドで動作環境を確認できれば，横展開がしやすい．ロードバランサ等も手軽に利用できるようになるため，ソフトウェアの可用性も向上させやすくなる．

クラウドシステムの活用のポイント

　繰り返し述べているように，クラウドとは，必要なときに，必要なだけのリソースを，速やかに利用できるものである．クラウドシステム自体は実際のハードウェアを隠蔽し，抽象化されたものとなる．ハードウェアが抽象化されることで，ハードウェアの変更にともなうアプリケーションなどの改修が最小限で済み，スケールアップ/ダウン[9]，スケールアウト/イン[10]といったリソースの増減にも対応しやすくなる．また，ハードウェア故障時の交換も同様に対応しやすくなる．さらに抽象化されることで，ハードウェアとその上で動くアプリケーションなどが分離できるようになるため，責任共有モデルが適用しやすくなる．

　これらの概念を実際に実現するために考えておくべきポイントについて整理する．簡単にまとめてしまえば，次のようになる．

　提供側は，必要なときに，必要なだけユーザに利用してもらえるリソースを十分に確保し，安定的に提供することを考える．ユーザ側は，リソースが安定的に十分に利用できることを確認したうえで，目的に合わせて必要なだけのリソースを確保し，可用性と耐久性を高めるシステムを構成することを考える．

　特に日本の場合には，間にSIerが入ることが多いだろう．以下ではクラウドの利用者側（ユーザ），SIer，クラウドサービス提供側の視点で確認していく[11]．

1.7.1　クラウド利用者（ユーザ）としてみた場合

(1)　目的志向

　クラウド利用者（ユーザ）の立場では，クラウドを活用するメリットは，リソー

---

[9]　**スケールアップ／スケールダウン**：1つあたりのリソースを大きくすることをスケールアップ（scale up），小さくすることをスケールダウン（scale down）と呼び，これにより負荷の増減に対応させる．

[10]　**スケールアウト／スケールイン**：リソースの数を多くすることをスケールアウト（scale out），少なくすることをスケールイン（scale in）と呼び，これにより負荷の増減に対応させる．スケールアップ／スケールダウンとも組み合わせて負荷変動に対応することもある．

[11]　ここで述べる利用者側とは，システムを利用するユーザを含む，SIerにシステム構築や運用などを依頼する側を指す．

スの制約から解放され，本来行いたいこと，行うべきことに集中できることである．オンプレミスでは，リソースの制約の中で何ができるかという発想になりがちで，これに時間や手間がとられてしまう．いいかえれば，クラウドを活用するうえでは，本来の目的を整理することが重要である．

　必要なシステムという視点ではなく，最終的に目指すものは何か，内容そのものに注目して整理することから始める．例えば，何らかのデータを処理する場合の例でみてみよう．このとき

i)　　　データはどのような形で発生するのか
ii)　　　どのように入力するのか
iii)　　　どのような処理を必要とするのか
iv)　　　どのように出力を得たいのか
v)　　　出力を得るまでに許容される時間はどれぐらいか
vi)　　　どの程度データを保護する必要があるのか
vii)　　　（どの種類の障害や災害発生時に）どれくらいの期間のデータをロストしても許容されるのか．どの程度の時間で復旧させる必要があるのか
viii)　　どの程度の障害や災害で，どこまで対応するのか

などを整理する．これらを明確にしたうえで，何が最適なのかを考えていく．漠然と「以前はこうだったから」とか，「あのソフトウェアではこの機能があるから」と考えるのではなく，あくまでも「何をしたいのか」を考えることが重要なのである．オンプレミス環境の利用が長いと，「どういうリソースが使えるのか」から考え，「その中で何ができるか」と考えてしまい，理想はどのような形であるのかを明確にできないまま，さまざまなシステムを設計したり，利用したりしてしまいがちであるので，特に注意が必要である．これまでの常識を一度疑って考えることが必要だろう．

　また，災害や障害発生時のリカバリの考え方について，RPO や RTO の観点からも考えておくことが必要である（**図 1.10**）．

　クラウドではリソースは潤沢にある．一度に多くのリソースを使用することも可能であるため，1 台で 1000 時間かかる計算を 1000 台利用して 1 時間で終わらせるという戦略をとることもできる．1 台を 1000 時間使っても，1000 台を 1 時間使ってもクラウドの場合，ほぼ料金が変わらない．したがって，個人でも HPC

RPO：

・どの程度のデータ損失が許容される
　のか

・バックアップ・アンド・リストアの
　運用間隔，レプリケーションの技術
　選択に影響する

RTO：

・該当サービス復旧にかけられる時間
　例）1分，15分，1時間，6時間，1日

・対象となる障害に応じて設定

・リストア，システム再構築や再起動
　などの技術選択に影響する

図 1.10　RPO や RTO の例

（High–Performance Computing）環境，いわゆるスーパーコンピュータの環境を使うこともできる．高性能な CPU や GPU，あるいは FPGA といったリソースを使って短い時間で結果を得ることが可能である．または，ある時間内までに終わればよいのであれば，相対的にコストが安いリソースを選択することもできる．このように，目的に応じて，さまざまな戦略が考えられるのがクラウドの活用なのである．

　クラウドもハードウェアで動いているのだから，まったく制約がないわけではないが，まずは制約がないとしたときにどうなるのかを考え，その次に制約について考えるという順番がとれることが重要である．一方，システムというものは，人為的な原因によるにせよ，そうでないにせよ，壊れる可能性がある．したがって壊れることを想定し，あらかじめ壊れたときにどのようにすればよいのかを考えておくことも重要である．クラウドを活用すると，これについても柔軟に考えることができるはずである．

(2)　バックオフィスシステムなどの場合

　一方，一定のワークロード（workload）[12]を長期間使い続ける，例えば，バックオフィスシステムなどの場合，クラウトシステムの概要はどうなるだろうか．先に述べた TCO の観点以外にも考えるべき点がある．

　オンプレミスの場合，ハードウェアの保守期限，契約期間，またはレンタル期間

---

[12]　負荷の大きさや時間データセットまで含めた処理の傾向のこと．

などの終了により，アプリケーション側のライフサイクルとは関係なく，入替え等が発生してしまう．クラウドにすれば基本的にはこれがなくなり，アプリケーションのライフサイクルに応じた利用が可能となる．また，クラウドなら，アプリケーションの保守やバージョンアップなどを試す環境が必要なときに，そのときだけリソースを用意し，必要に応じて本番と同じサイズのリソースを用意してテストすることも可能である．さらに，バージョンアップした環境等をあらかじめ用意して入れ替えることで，切替えにかかる時間を短縮したり，何か不都合が生じた場合には，前の環境に戻したりなど，柔軟な運用が可能となるだろう．

ただし，責任共有モデルにもとづき，クラウドそのもののセキュリティ対策が十分に行われていることが前提である．具体的には，細かなアクセス制御や暗号化などが利用できるかということである．一般的にいえば，管理・運用の手間およびコストを，同程度かけるとした場合，オンプレミスやハウジングなどで管理するよりもはるかにクラウドで管理したほうがセキュリティをよくすることができる．

ここまで，ユーザ側の立場でみた場合のクラウドシステムを活用するポイントについて述べてきた．クラウドシステムでは，本来やりたいこと，行うべきことを中心に考え，どのようにすれば実現できるのか，そしてどのように責任を共有して利用していくのかを，これまでの常識を疑いながら改めて考えることが重要なのである．

1.7.2　SIer としてみた場合

責任共有モデルにもとづけば，SIer はユーザ側である．したがって，これまで述べたユーザ側の立場で考えることが，SIer としてクラウドシステムを活用するうえでの 1 番目のポイントである．

2 番目のポイントは，システムを構築，運用する立場である SIer としての考え方を整理することである．このときに大切なことは，ぎりぎりの状態では何か起きた際に対応する余裕がなくなってしまうので，どのようにすれば，システムの構築，運用を効率的にできるのかを考えることである．

また，購買について，ユーザ側の意識変革を促し，ユーザ側が従量課金を受け入れられるようにするのも SIer としてみた場合のクラウド活用のポイントであろう．ユーザが自ら，本当に必要なリソースの量を理解し，それにかかるコストの妥当性に納得をするようでなければ，SIer としては，万一のクレームに備えてリ

ソースの量を過剰に見積もらざるをえず，それによってユーザ側に無駄なコストを強いることになる．これでは，SIerにとって顧客であるユーザ側にメリットがないばかりか，SIerへの不信感にもつながりかねない．ユーザ側との信頼関係を醸成するうえでも，SIerは，ユーザ側にリソースの量やそれにかかるコストに対する意識変革を促すことが大切である．

1.7.3 クラウド提供側からみた場合

(1) リソースの拡充計画

クラウドサービスの提供側からみた場合のクラウドシステムの活用のポイントついても考えてみよう．

クラウドはそもそも，ユーザがリソースを使いたいときに，使いたいだけ使うという形態のものであるから，提供側としては，十分なリソースを安定的に用意しておかなければならない．しかし，クラウド（＝雲）といってはいても，実際はデータの保存や計算処理をするためのサーバやストレージ，ネットワークスイッチなどのハードウェアが必要であるし，それを設置するためのラック，建物，そして土地も必要である．また，電力供給，通信設備も必要である．理想的なクラウドでは，これらは無限に用意されていなければならないが，現実には困難である．

したがって，クラウドサービスの提供側としては，需要に応じてスムーズにリソースを拡充していくことがポイントになる．このために，現在の需要から将来の需要を予測してリソースの拡充計画を立てていくことになるが，クラウドは，ユーザは使いたいときに使いたいだけ使い，不要となったら使わない形態であるから，需要の変動が必然的に大きい．

一方，ユーザが多くなればなるほど，多様な使い方をされるようになるので，リソースが使用される時間がばらけてきて，ある程度の平準化がなされる．これは規模の経済と呼ばれるもので，クラウドサービスの提供側のビジネスモデルにも組み込まれている．しかしながら，内部で障害が起きた際に肩代わり（オフロード）するだけのリソースは必要であるし，外的要因，例えば災害等の緊急事態により急遽，クラウドの利用自体が全体的に増加した場合でも十分に耐えられるだけのリソースも必要である．サーバの準備だけをとってみても，選定・発注・納品・ラッキング・セットアップなどの工程があり，数か月以上の時間がかかる場合もある．必要になったらすぐに拡張というのは難しいのである．

このため，短期的な需要予測だけではリソースが逼迫する，または余剰となりすぎる可能性があり，クラウドサービスの提供側としては，個々のユーザが長期的に何を目指しているのかを知り，どれだけクラウドを使う可能性があるのかという点について理解を深めることが重要となる．いいかえれば，何をすれば，本当にユーザに必要とされているクラウドになれるのかをよく調査することである．ユーザのニーズを満たせなければ，ユーザの信頼は得られず，長期的な目標も共有できないのである．

(2) 冗長化

また，十分なリソースが確保できたとしても，安定的に使えなければ意味がない．そして，安定的にリソースを提供するためには冗長化（redundancy），つまりシングルポイントとなる箇所を減らしていくことが重要となる．クラウドの冗長化とは，個々のストレージやネットワークなどの冗長化ではなく，データセンタ自体の冗長化である．すなわち，独立して稼働できるデータセンタ群を複数用意し，冗長化された広帯域のネットワークでそれぞれを結合する．このとき，それぞれのデータセンタ群は，離れすぎず，かつ遠すぎない距離にあることが望ましい．データセンタ群間のネットワークも，できるだけ配線ルートが重ならないよう考慮しつつ冗長化し，高速に切り替えられる（例えば，数十パケット程度のロスで切り替えられる）ようになっていることが重要だろう．さらに，データセンタ群自体の冗長化と合わせて，ユーザ側の視点に立ったサービス設計もポイントとなる．例えば，データセンタ群をまたいで冗長化するときに，データセンタ群をまたがってロードバランスするしくみとするなどである．

データセンタ群内でも冗長化を考慮すべきことは多い．例えば，電源喪失時の備えとして，別の商用電源2系統を引き込んでおいたり，商用UPSや自家発電装置を設置したりなどが考えられる．なお，UPSよりも自家発電装置のほうが電源供給可能時間は長いが，自家発電装置の多くでは連続稼働を想定していない．したがって，電源喪失が長期におよんだ場合を考えれば，自家発電装置を複数台用意しておく必要も出てくる．さらに，自家発電装置を使用するのは非常時であるから，非常時を想定して自家発電装置用の燃料を確保しておく必要もある．クラウドは，まだ非常時の優先的な給油対象となっていないから，あらかじめ何らかの契約を結んでおき，対応しておくことになる．このように，非常時を想定して，ありとあらゆる項目について冗長化を検討する必要があるのである．

さらに，物理的な機器である以上，故障は避けられないが，設置から長期間が

経過し保守部品が調達できなければ、機器をリプレースすることになる。このときには、ユーザに影響がない、または最小限で済む（フェイルオーバや再起動で済むなどのしくみ）としておくこともポイントである。ユーザへクラウドを使って可用性、耐久性の高いシステムをつくるうえでのベストプラクティスなどを提供していく必要もあるだろう。

(3)　セキュリティ

クラウドサービスの提供側としては、セキュリティが担保されるとユーザに理解してもらえなければ利用されないから、セキュリティは最優先で取り組まなければならない。責任共有モデルにおいても、クラウド自体のセキュリティはクラウドサービスの提供側に責任がある。

それぞれのリソースは論理的に独立し、ユーザが許可しない限りは他リソースからアクセスできないようになっていなければならない。またユーザのデータはクラウド提供者側がアクセスできないようになっている必要があるだろう。加えて、ユーザに暗号化の機能を提供し、ユーザ以外がデータをみることができないしくみなどを提供する必要があるだろう。

前の 1.4.6 項でも述べたが、データセンタの場所の公表、内部の見学や立入りについて考えてみたい。クラウドの場合、クラウド利用者（ユーザ）はサービスを利用しているだけで、データセンタ内にはクラウド利用者の所有となる機器は一切ないので、データセンタへクラウド利用者が立ち入る妥当性はないといってよいのではないか。むしろ、データセンタへ立ち入る人数が増えればそれだけ管理が難しくなる。

もちろん、運用がどのように行われているのかについて、クラウド利用者として知りたいと考えるのは当然だろう。クラウド利用者にとって、クラウドはブラックボックスにみえる。しかし、その分、セキュリティは確実に低下する。筆者としては、データセンタの場所の公表や内部の見学・立入りを許可しないかわりに、第三者機関の監査を受け、その結果を公表することをおすすめしたい。なお、長期的に監査し続けてレポートされるものであるほうが、よりクラウド利用者側の安心につながるだろう。

(4)　正確な情報の発信

クラウド利用者は、公表されている情報をもとに、クラウドを活用しようとするわけであるから、その情報どおりにリソースが使えなければならない。したがって、仮想環境を提供するベース部分、例えばハイパーバイザ（61 ページ参照）に

必要なリソースなどは，ユーザ側のリソースとは関係ない場所で確保しておくこともポイントである．

　具体的にいえば，CPU やメモリなどは仮想基盤の提供に必要な分は除いたうえで，リソース量として公表する．また，ハードウェアオフロード等を行うことで，規格に近い性能，例えば 100 Gbps のインタフェースカードがアタッチされていれば 100 Gbps 近くまで性能が出せるようにしておく．また，ストレージに関していえば，クラウドではストレージ基盤から切り出されることもあるので，他のリソースからのアクセスによって性能の影響が受けにくいようになっており，他のリソースから論理的に隔離され，アクセスできない（みえない）ようになっている必要がある．

　これらのように，クラウドサービスでは他の利用の影響を受けないようにリソースが提供されるようになっている必要がある．

　クラウド利用者に，実際のワークロードでテストを行ってもらうことも重要だろう．

1.8　クラウドへの移行・活用戦略

　以上のとおり，クラウドを十分に活用するには，オンプレミスとは異なる点について改めて考えていく必要がある．これまで常識と考えていたことを疑い，それぞれがクラウドシステムにおいても正しいことなのかを一度立ち止まって考えることが重要である．真のクラウドに近ければ近いほど，独立したデータセンタ群を複数使って可用性を高めたり，多種多様なマネージドサービスを組み合わせて迅速にシステムを組み上げたり，オンプレミスで現実的ではなかったことが実現できる．

　その後，いよいよクラウド上へシステムを移行することになるが，そのままクラウドへシステムを移行する方法や，移行する際にシステムをクラウド寄りにしていく方法，またそれらを合わせた方法などが考えられ，システムごとに最適な方法が異なるであろう（**図 1.11**）．したがって，移行戦略を立てて行うことが重要である．

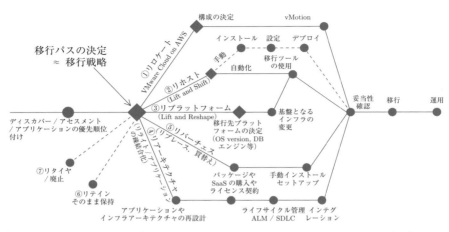

図 1.11　システムごとの最適なクラウドシステム移行パターンの例（7R）

1.8.1　サービス指向アーキテクチャによるシステムの設計

　システムをクラウドに移行し，アプリケーションを柔軟に構築していくために
は，再利用性の高いサービスを組み合わせたアーキテクチャに変えていく必要があ
る．これを**サービス指向アーキテクチャ**（SOA: Service-Oriented Architecture）
と呼ぶことが多い．

　このための部品となるのが**マイクロサービス**（microservices）であり，マイク
ロサービスをつくるために，クラウドのマネージドサービスも組み合わせて利用
していく形になる．マイクロサービスはその名のとおり，小さな単位でサービス
として構成していくことで，再利用性を高めたものである．それぞれのサービス
の入出力，**API**（Application Programming Interface）[13]を定義しておくこと
で，マイクロサービス間を疎結合（95 ページ参照）にして，機能追加やバグ修正，
セキュリティ対策などが必要になったとしても，それぞれのサービス内でそれら
の修正範囲は閉じたものとする．これによって，調査やテストに関しても，API
経由で差異が出ていないか，あるいは，それに連携するマイクロサービスで影響
が出ていないかの確認で済むようになる．したがって，迅速にシステム全体の開
発やアップデートをしていくことができるようになる．なお，クラウドサービス
自体のしくみもマイクロサービス化が進んでいる．

---

[13]　ソフトウェアやプログラム，Web サービスの間をつなぐインタフェースのこと．

　サービス指向アーキテクチャでは，再利用性の高いマイクロサービスを，まるでレゴブロックのように組み合わせていくことでシステム全体を構成する．それによって，スピード感を保ちつつ新たなシステムを構築できるうえ，ブロックのピースを交換することで機能修正や追加といったことが容易になる．いわば，クラウドへの移行にともなって，従来型のモノリシックなシステム[*14]からマイクロサービスを組み合わせたシステムへと変化させることになる．現在，ビジネスを取り巻く状況は日々急速に変化しており，企業の買収や合併だけでなく，大学などの教育機関においても新規事業の立上げ，経営の統廃合などが著しい．このような中で，外部に対して提供しているサービスだけでなく，組織内のアプリケーションにも柔軟性や拡張性が強く求められており，サービス指向アーキテクチャによるシステムの再構築は，クラウドへ移行するための必要要件としてとらえるより，むしろこれまでのシステムが今後の社会の変化に対応するための必要要件ととるべきであろう．

　従来型のモノリシックなシステムのほうが，最初に作成するときは容易である．しかしながら，使い続けていく中で機能追加やバグ修正，セキュリティ対策の追加など，ありとあらゆる部分にパッチワークのように変更が加えられていき，全体の構造の把握が困難になる．このため，わずかな変更であっても，その影響でどこかに不具合が出ていないか，システム全体にわたって調査する必要が生じる．修正や機能追加のたびに，システム全体にわたってテストや調査を行っていたのでは，迅速にシステムをアップデートしていくことが難しい．したがって，とても小さなシステムや，修正すらしない，二度と変更しないシステムでないならば，モノリシックな状態のままにしておくのは避けることが望ましい．

　クラウドでは，ユーザからのリクエストに応じて，マネージドサービスやそれらの機能の日々充実が図られてきている．定期的にシステムを見直し，マネージドサービスで置き換えていくことを考えるのもよいだろう．置換のための作業負荷は多少なりとも発生はするだろうが，長期的にみて運用負荷を減らしていくことができるだろう．

　人類がつくり出すサービスの多くは，さまざまな場所で同じように必要とされる．また，本来，人がシステムをつくる目的は何かを便利にするためである．システムをつくりたいというのが目的ではない．サービス指向アーキテクチャに沿っ

---

*14　**モノリシックなシステム**（monolithic system）：全体が1つのモジュールから構成されており，分割されていないシステムのこと．

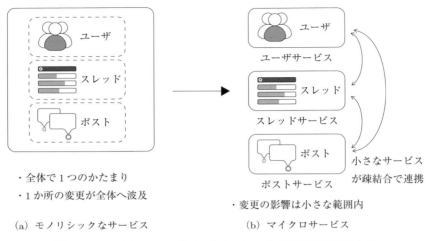

・全体で1つのかたまり
・1か所の変更が全体へ波及

（a）モノリシックなサービス

小さなサービス
が疎結合で連携

・変更の影響は小さな範囲内

（b）マイクロサービス

図 1.12 マイクロサービスにすることによる影響範囲の最小化

たシステムとすれば，構築だけでなく，メンテナンスにかかるコストも減り，負荷が減るはずである（**図 1.12**）．

1.8.2 マイクロサービス化を実現する環境

　マイクロサービス化にあたっては，仮想マシン（VM: Virtual Machine, 55 ページ参照）上で動作させるよりも，コンテナ（63 ページ参照）やサーバレス環境（65 ページ参照）で動作させることを検討したい．VM よりもコンテナのほうが管理する部分が少なく，動作も一般的には軽量であるからである．ただし，コンテナを利用する場合にも，「コンテナを利用すること自体が目的となっていないか」「本当にそのコンテナ実行環境が適切なのか」を考えるべきである．

　さらに，サーバレスについても考慮したい．コンテナはコンテナ自体の管理やその実行環境の管理，および，負荷が高まった際などの**スケーリング**（scaling）[*15]が必要となるが，サーバレスであれば，コード自体を実行またはサービスそのものを実行する環境が提供され，クラウド基盤側でシステムの負荷に応じたスケーリングをしてくれる．実行時間や対象とするワークロードから，必ずしもサーバレスが万能であるとは限らないが，まずはサーバレスを検討してみるというのもよいだろう．

---

*15 要求に合わせて，性能や処理能力を増強／縮減すること．

　また，ロックインを過剰に恐れすぎないようにすることも重要である．ロックインを避けたいがためにオープンソースで組み上げれば，その環境自体はユーザ側で管理しなくてはならない．そのオープンソースのセキュリティパッチがいつまで提供されるのか，それに追従するために，どれほどの手間をかけなくてはいけないのかなど，維持にかかる手間を最初から見積もっておくべきである．オープンソースベースで提供されているクラウドのマネージドサービスを利用しておいて，いつでもオープンソースへ移行できるようにしておくことも可能なのである．また，マイクロサービス化しておけば，別の環境に移行したくなったとしても，修正する箇所を局所的にとどめることができる可能性があるので，その手間を減らすこともできるだろう．

　以上，本章で繰り返し述べてきたとおり，クラウドシステムを活用するにあたって一番重要なのは，もともと何をしたかったのかということである．その目的に合わせ，単に機器コストだけではなく，維持・管理にかかる人的リソース等のコストも合わせて検討し，使うものを決めていけばよい．さらに，常にさまざまなサービスが出てくるので，定期的にこれまでの考えを一度捨てて改めて見直すことで，よりよいシステムとしていくことも大切である．

1.9 クラウドのマネージドサービスで合理的なシステムを構築

　クラウドのマネージドサービスを積極的に活用することで，これまでと同じコストや手間をかける場合に比べ，システムを安定的に運用できる可能性が高くなるだろう．ITリソースのコントロールも手間であるが，加えてセキュリティ面での対策も煩雑である．どちらもクラウド側に基本的な部分をオフロードできることは，クラウドを利用するうえでのメリットだろう．

　一方，クラウドにはさまざまなマネージドサービスがあり，毎日のようにサービスや機能が追加されている．ここですべてを紹介することはできないが，以下では，可用性および耐久性が高いシステムにしていくという観点から，基本的なサービスをいくつかみていくこととしよう．

1.9.1　オブジェクトストレージ

　クラウドでストレージ（storage）を理解するためには，**オブジェクトストレー**
ジ（object storage）の理解がまず必要だろう．これは，オブジェクト単位で出入
れするネットワークストレージであるが，階層構造のディレクトリなどは存在せ
ず，ストレージシステムサービスで一意の識別名を割り当てて，データの読み書
きを行うものである．

　オブジェクトストレージの特長は，抽象度が高いため，データが存在する装置，
装置内での位置などを利用者が意識する必要はなく，ストレージシステムサービ
ス側で複製や分散配置が行われることで信頼性の向上を図ることができることで
ある．記録するデータに関しては，そのデータ自体と，データについて記したメタ
データをセットにして保存する．また，オブジェクトストレージは通常，RESTful
API（114 ページ参照）の形でアクセスできる．

　このオブジェクトストレージの代表的なものとして，2006 年にサービスが開始
された **Amazon Simple Storage Service**（**図 1.13**）があげられるだろう．一般的
には，略して **Amazon S3**，または，**S3** と呼ばれている．この Amazon S3 の特長
は，3 か所以上の独立したデータセンタ群に複製が保存されることで，設計上の
耐久性が 99.999999999％となることである．したがって，低コストであり，ボ
リューム容量の上限がなく，利用した分だけの課金でよく，さらに耐久性が高い
ことから，クラウドサービスの中核としてさまざまな利用がなされている．

　一方，S3 互換とされているものでも，実際には，API 互換なだけで耐久性が低
かったり，データセンタ群が意味のある距離に分かれておらず，冗長化が不十分

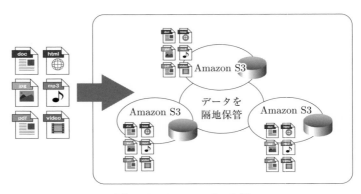

図 1.13　Amazon S3 の例

で同じ災害に遭う可能性があったり，機能が足りないなど，完全に S3 互換といえないものも多くある点に注意したい．

オブジェクトストレージには Web 配信機能を備えているものがある（例えば，Amazon S3）．これによって，オブジェクトストレージに HTML ファイルや画像などを配置して公開することで，Web サーバを用意しなくても Web 配信ができるが，セキュリティをさらに向上させるという観点から，オブジェクトストレージのバケットを全世界に直接公開するのではなく，その手前に CDN を入れて配信[*16]されていることが多い．

1.9.2 データレイク

現在，さまざまな場所でデジタル化が進み，多種多様な機器がネットワークに接続されている．センサなども高性能化され，より大量のデータが出力されるようになってきている．

これを背景として，以前のようにあらかじめ決められた形式のデータを蓄積し，それを解析する流れから，すでにある，さまざまなデータソースから集められたさまざまな形式のデータを利用して解析を行う流れに変わってきた．しかしながら，集められるデータの中にはすでに構造化されているものがある一方，そうではないものもある．根本的な問題として，集められたデータの使用目的が事前に決まっていないのだから，どのような構造で保管しておくかを決められないということがある．また，データがまとまった場所になければ，解析がスムーズにできないであろう．そこで採られる手法が，**データレイク**（data lake）の構築である．

データレイクとは，構造化／非構造化のいずれのデータかにかかわらず，データを格納する場所のことである．データを利用する際は，このデータレイクから取り出すことになるが，利用後の解析データもまたデータレイクに戻すことでさらに別の解析でも使えるようにしていくことが可能である．もちろん従来どおり，データ保管はデータベースでという考え方もあるが，利用目的の定まっていないデータは構造化されているものもあれば，されていないものもあり，さらに構造化されていたとしても形式が少しずつ異なる場合があり，データベースを整理して格納していくのでは手間がかかってしまうことがある．そのため，このような

[*16] 例えば，Amazon S3 を利用する場合，Amazon CloudFront をフロント側に入れて配信する．

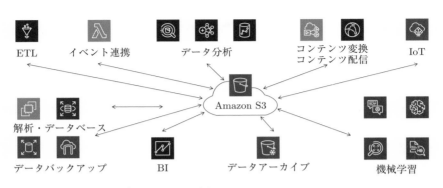

ETL　　イベント連携　　　データ分析　　　コンテンツ変換
　　　　　　　　　　　　　　　　　　　　　コンテンツ配信　　　IoT

Amazon S3

解析・データベース

データバックアップ　　　　BI　　　　データアーカイブ　　　機械学習

図 1.14　データレイクの例
（さまざまな形式データ等を 1 か所に集め，多種多様な形で活用）

データレイクと呼ばれるマネージドサービスなどから活用できるオブジェクトストレージ（例えば，Amazon S3）にデータを格納していき，目的に応じて利用していく手法が採られているのである（**図 1.14**）．

　例えば，これらストレージに対してマネージドサービスなどを活用し，直接クエリをかけてデータを抽出したり，**データウェアハウス**（data warehouse）[17]のバックエンドとして利用したり，BI（Business Intelligence）ツールで可視化したり，機械学習のデータとして利用したりされている．また，加工・解析・分析されたデータは，再びデータレイクに戻され，もとのデータとともに別の解析や分析などで活用されていく．

　新たなデータは次々に生み出されており，将来的にどの程度の容量になるかの予測は難しい．さらに，一度しか取得できないデータもある．したがって，データレイクに使用されるストレージには，スケーラブル，かつ高い耐久性が求められるが，ユーザ側としては，まずはさまざまなサービスから利用可能なデータレイクにデータをためていくことを考えるのがよいと思われる．

1.9.3　クラウドにおけるデータベース

　クラウドにおいて**データベース**（database）は，マネージドサービスとしても提供されている．クラウドにおいても，仮想サーバの OS 上にデータベースエンジンをインストールして動かすこともももちろん可能ではあるが，できる限り，マ

---

[17]　複数のシステムから集められた多種多様な大量のデータを保存しておくシステムのこと．

ネージドサービスを利用することを考えたい．なぜなら，マネージドサービスでは，データベースエンジンが動いているホスト OS 自体管理しなくてもよく，データベースエンジンがすぐに利用可能な状況で提供され，バックアップ，プライマリ・セカンダリ・リードレプリカ等の設定が簡単に利用可能など，データベースを運用するうえで手間がかかっていた作業をクラウド側に任せることができるからである．さらに，データセンタ群をまたいだレプリカなども簡単に作成可能である．

　また，マネージドサービスの場合には，データベースエンジンの脆弱性に対応するためのアップデート作業などもクラウド側で実施されることが多い．ただしクラウドの場合，これらのメンテナンス作業が**メンテナンスウィンドウ**（maintenance window）と呼ばれる決められた時間内に実施されるのでこのメンテナンスウィンドウの時間帯をユーザ側で指定できるかなどをあらかじめ確認しておきたい．

　さらに，クラウドのマネージドサービスにおいては，データベースの種類についてもリレーショナルデータベース以外に多くの種類が提供されている．リレーショナルデータベースをベースとして，他のデータベース形式に見せかけることも可能ではあるが，クラウドは，シンプルかつ部品として細かく切り分けて使っていくことが重要であるので，利用する内容に合わせてデータベースの種類を選択するほうがよいだろう．

　また，既存システムのデータベースにとらわれて，クラウド上でも同じデータベースエンジンを使うことを何も考慮せずに決めてしまうというケースは実際よくある．しかしながら，既存のデータベースエンジンのライセンス体系やコスト，サポート状況を確認して，クラウドに移行する際に，本来必要な機能や性能かを改めて見直し，選択をし直すことが長期的にみて重要であろう．クラウドのマネージドサービスのデータベースエンジンの中には，オープンソース系のデータベースと互換性をもちつつ，商用として販売されているデータベースエンジンと同じ，あるいはそれ以上の性能を発揮するものもある．これらは全世界的に展開されている電子商取引サイト（EC：Electronic Commerce）サイトのバックエンドとしても利用されている．もはや性能が理由で，マネージドサービスのオープンソース系データベースが選択されないという時代ではない．管理も考えれば積極的にマネージドサービスを利用すべきであろう．

1.9.4　ロードバランサの活用

ロードバランサ（load balancer）とは負荷分散装置のことであり，簡単にいえば，そこに到達したパケットをいくつかのサーバ等のリソースに振り分けてくれるものである．従来，このロードバランサは，サーバの台数を増やす形でのスケールアウトによる処理能力の向上，または，複数台のサーバで冗長化を図ることによる可用性の向上，あるいはこれら両方のために用いられてきた．

これは，サーバを物理機器として調達した場合，単体でも高価なものが多いが，機器故障に備えてロードバランサを複数台使い，冗長構成で利用されていたことだろう．そのため，最も重要と考えた部分，例えばインターネットからのアクセスをさばくために利用するなど，限定的な利用にとどまっていたと推測される．

一方，クラウドでのロードバランサの場合，すでに内部で冗長構成がとられていて，データセンタ群を複数またがって利用でき，さらに自動で性能がスケールするのでサイジングが不要なものがある．クラウドであれば，利用した時間やトラフィック分だけのコストで済むため，コストは課題となりにくい．したがって，ロードバランサをシステム内部間の連携箇所にまで利用することが可能となる．

さらに，負荷の変動と合わせてサーバ台数を増減する**オートスケール機能**（autoscale funtion）とロードバランサを連携させることで，負荷変動にも対応したシステムを柔軟に構築することができる．このためには，ロードバランサの冗長構成がマネージドサービスとして標準的に組み込まれており，ユーザが特に意識しなくても利用可能，かつ事前のサイジングが不要で，複数のデータセンタ群をまたがった構成を標準で利用できるクラウドを選定することが望ましい．

また，マネージドサービスのロードバランサを挟むことで，直接サーバにアクセスさせないようにできるため，セキュリティの向上のために利用することも可能であろう．

以上のとおり，クラウドシステムの構築にあたっては従来の，ロードバランサは限られたところで利用するという概念を捨て，さまざまなところでロードバランサを入れて，スケールと可用性の両面を向上させることを考えることが重要である．

なお，モノリシックなシステム（31ページ参照）からマイクロサービス化したシステムへ移行していく際にもロードバランサが活用できる．

1.9.5 CDN 等の活用

世界中からアクセスを受けるような Web コンテンツ等の場合には，アクセスの集中だけでなく，インターネット経由ではさまざまなルートを経由することになるため，コンテンツの内容によっては遅延が課題となることも多い．しかし，オンプレミス機器だけでは，急なアクセス増やアクセス元によるネットワーク遅延に対処することは難しい．対して，このようなアクセスの集中やネットワークの遅延に対処する方法として，CDN（8ページ参照）等の活用が考えられる．

CDN は，同一コンテンツを多くのユーザ端末などの配布先に効率的に配布するために使われるしくみであり，ユーザに近いエッジロケーションからコンテンツを配信するしくみをとるものである．具体的にはあらかじめエッジロケーションにコンテンツの複製をもっておくことによって，ユーザからのリクエストに速やかに応答できるようにする．また，CDN とは異なるが，ユーザがコンテンツにアクセスしようとした際に，ユーザに近いクラウドのエッジポイントを見せることで，ユーザにゆらぎの多いインターネット経由ではなく，ユーザに近いクラウドのエッジロケーションからクラウド内部ネットワークに入ってサーバ等にアクセスさせるしくみなどもある．例えば，AWS Global Accelerator（**図 1.15**）などである．また，クラウド側の内部回線（各リージョン間を結ぶ回線）を利用した国をまたぐ仮想的な社内インフラ回線として，WAN の一部のような形で利用できるサービスもある．

このように CDN 等を用いることによって，ユーザにより近い場所でキャッシュしたり，ユーザに近い場所となるクラウド側のエッジロケーションからクラウド内部ネットワークを使って安定的な速度でコンテンツを配信したりすることが可能となる．クラウドでも CDN がマネージドサービスとして用意されており，これを使えばクラウド内部の安定した広帯域ネットワークを経由することで安定してコンテンツが配信でき，コスト効率もよくなる．

また，CDN を使うことで，コンテンツ元であるオリジンサーバの保護にも役に立つ．つまり，オリジンサーバやストレージを CDN 経由でしかアクセスできないようにすることで，オリジン側を直接インターネットに対面させなくてもよくなり，セキュリティの向上が見込める．CDN 等はキャッシュ以外にも有効な場面があることを理解しておきたい．

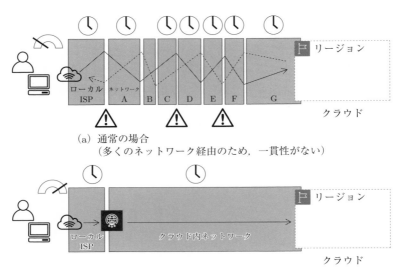

(a) 通常の場合
（多くのネットワーク経由のため，一貫性がない）

(b) クラウド内ネットワークの活用（例：Global Accelerator を利用）
（経由するネットワークを減らし，効率低下を防ぐ）

図 1.15　クラウド内ネットワークの活用例
（AWS Global Accelerator での例）

1.9.6　インフラストラクチャをコード管理

　一般にクラウドでは，最小限の手続きでリソースの増減を実現できるようになっており，その操作はほぼ API 経由で操作可能となっている．さらに，リソースの確保から基本設定までが API 経由でできたり，コードで記載したものを実行することでその操作が行えるなどの機能（**Infrastructure as Code**）が備えられていたりする．

　Infrastructure as Code の特長の 1 つは，システムを構築した際のドキュメントとして，インフラストラクチャ部分をコードとして残して置くことができるので，後にシステムの検証や再構築を行う際に，そのコードを実行することによってインフラストラクチャ環境部分を構築でき，再現性が高くなるということがある．また，インフラ環境の変更もコードとして残しておくことができるため，これらをプログラム等の変更を管理していた部分と合わせて管理していくことも可能になる．本書では，開発方式については触れないが，継続的な開発（ビルド，テスト）や継続的なデリバリ（デプロイ）が行われている環境において，一元的に

インフラストラクチャの管理もできることは魅力的であろう.

1.10 Well-Architected フレームワークの活用

これまでも多くのユーザが多種多様なシステムをクラウドで構築し,利用している.一方で,時にはうまく活用できなかったり,課題に出くわしたりした経験をもつユーザもいるだろう.そのような経験はできれば繰り返したくないものである.

クラウドを活用していく際に,どのような観点でシステムを設計,構築,運用していけばよいかがわかれば,よりよいシステムをつくれるであろうし,失敗することも減るだろう.このような理由で,過去のユーザの経験を集めて体系化したチェックリストのような形式で,ベストプラクティスに沿っているかを確認できるフレームワーク(例えば,**AWS Well-Architected フレームワーク**)を提供しているクラウドもある.

しかし,Well-Architected フレームワークに沿っていればベストプラクティスに近くなるわけではあるが,必ずしもすべてがこれに沿っている必要はない.さまざまなシステムやさまざまなビジネス背景があって,それにもとづいてクラウドを使うわけであるので,必ずしも Well-Architected フレームワークにすべて沿っていることがベストプラクティスではない.重要なのは,Well-Architected フレームワークの内容をよく理解したうえで,それに沿う/沿わないをユーザが個々に判断し,どうしてその判断をしたのかを明確にしておくことである.

また,クラウドは常に新しいサービスの提供や機能追加が行われているので,Well-Architected フレームワーク自体も進化し続けている.したがって,いまのところ問題なく動いているシステムであったとしても,定期的に Well-Architected フレームワークを見直し,確認してみることが重要であろう.そうすることで,定期的にシステムをクラウドの進化に合わせて見直していくことができ,クラウドをよりよく活用できることにつながる.

いいかえれば,クラウドを利用することで,扱っているシステムをユーザ自身では考えつかなかったレベルの理想的な環境に近づけていくことができる可能性があるだけでなく,それまでに構築,運用などで苦労していた部分を楽にできる可能性もある.また,クラウドではリソースを本番と別に用意することができる

ので，障害が起きたときの復旧訓練なども容易に実践できる．障害の防止を考えることも重要であるが，障害が発生したときにいかに速やかに復旧するかも重要であるため，机上で考えるだけでなく，実際に試せることの意義は大きい．

この実際に試してみることができるというのは，クラウドならではの特長の1つである．セキュリティに十分配慮することが前提ではあるが，クラウドシステムの利用においては，気軽に試すことを習慣付けることをおすすめしたい．

最後に，**表1.1** に，最適なクラウドシステムを設計するうえでの7つの大原則をまとめておく．

表1.1　最適なクラウドシステム設計の7つの大原則

① Design for failure and nothing fails：
　　障害は起こることを前提に，それに耐えうるインフラをつくる
　→　すべてが故障すると仮定し，単一障害点の排除，可能な限りのステートレス（95ページ参照），復旧動作の確認を行い，可用性とコストを意識する．

② Loose coupling sets you free：
　　疎結合（95ページ参照）にし，耐障害性や拡張性を高める
　→　疎結合，マイクロサービス化に注力する．

③ Implement elasticity：
　　すべてのコンポーネントで伸縮自在を実現する
　→　サービスの利用において，高可用性，運用負荷軽減，オートスケール，かつ，サーバレスを目指す．

④ Build security in every layer：
　　多段セキュリティで防御する
　→　暗号化を行い，最小権限として，厳密なセキュリティグループを作成し，多要素認証とする．

⑤ Don't fear constraints：
　　制約を恐れない，制約だと諦めない
　→　インスタンス増として負荷分散し，共有キャッシュ，リードレプリカ，シャーディング，Provisioned IOPS や SSD ストレージなどを活用する．
　→　障害の発生したインスタンスは捨てて，新しいインスタンスで置き換える．

⑥ Think parallel：
　　並列化する
　→　1台・N 時間と N 台・1時間は同等のコストであるので，マルチスレッドで並列リクエスト，ELB（ロードバランサ）の利用，マルチパートアップロードを目指す．

⑦ Leverage different storage options：
　　さまざまなストレージサービスを適材適所で活用する

第 2 章

クラウドのアーキテクチャを正しく理解する

　クラウドを利用するだけでなく活用していくためには，クラウドを構成するさまざまな要素について正しく理解していくことが最も重要である．

　本章ではまずクラウドとは何かといった基本的事項から理解していただくため，オンプレミスとクラウドの主な違いを解説する．そしてプライベートクラウド，パブリッククラウド，ハイブリッドクラウド，マルチクラウドといった各種のクラウドの構成を紹介する．

2.1　クラウドを理解する

　クラウドは，現代の IT システムやサービスを構築するためには避けて通れない技術である．流行り廃りの激しい IT 業界ではあるが，一過性のトレンドとして登場したものではなく，今後の IT 社会基盤を構築していく根幹となる技術であり，クラウドの理解はこれからの IT 時代において必須であるといっても過言ではないだろう．

　しかしながら，普段から IT システムやサービスの構築に携わってきたエンジニアであってもクラウドのすべてを理解するには膨大な時間が必要となるだろう．コンピュータシステムやアーキテクチャ，ネットワークやストレージ，ソフトウェアやプログラミング，セキュリティや ID 管理，さらにはビジネスロジックの理解といったさまざまなコンピュータにかかわる基礎的な知識に加えて，クラウド独自の知識も必要になってくるため，「クラウドの理解」とひと口にいっても求められる知識は多岐にわたってきてしまうからだ．もちろん，クラウドのすべてを理解していないと使えないということではない．むしろ，多くのものがサービスとして抽象化されており細かいところまで利用者自身が理解していなくても簡単に使えるようになるのがクラウドの強みであり良さでもある．

　以下では，クラウドの特徴やサービスモデル，機能の説明を通して，クラウドを利用したりクラウドへの移行を進めたりするうえで必要となる考え方の基礎を養ってもらうことを目標とする．

2.1.1　クラウドとは何か

　クラウド（cloud）とは，ひと言でいうと，「ネットワークを介してリソースをユーザに提供するサービス」のことである．したがって，クラウドのユーザは世界中のどこにいたとしても，ネットワークでつながっていれば，クラウドが提供するサービスに瞬時にアクセスして，さまざまなリソースを利用することができる（**図 2.1**）．

　クラウドのリソース（resource）とは，一般的にはマシンやストレージ，ネットワークやアプリケーションといったコンピューティングリソース（計算資源）の

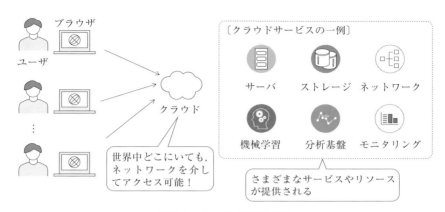

図 2.1 クラウドの概略図

ことを指す．また，クラウドの**サービス**（service）とは，インフラストラクチャや
ストレージを提供するサービス，クラウド上に保存されたデータを用いて機械学
習や分析を行うための基盤やコンテナを管理する基盤を提供するサービス，デー
タやシステムの利用状況をレポートしてくれるモニタリングサービスなど，クラ
ウド上でユーザに提供されるもののことを指す．

2.1.2　クラウドの特長

　上記のとおり，クラウドの最も大きな特長は，ユーザが利用したいと思ったと
きに，サービスやリソースを即座に好きなだけ使えるという点である．新規事業
のために新しい Web サービスを立ち上げたい，マシン全体の利用率が逼迫してき
たので，いますぐ追加のマシンやストレージを追加したいなど，リソースが必要
になる状況はさまざまあるが，リソースを自由かつ柔軟に追加して，数分程度で
すぐに利用できるようになるメリットは大きい（**図 2.2**）．

　このリソースを確保する柔軟性およびスピードは，不要になったリソースを返
却するときでも同様である．すなわち，使っていないリソースをずっと確保して
おく必要はなく，ビジネスのスケールや要求に応じてリソースの量を変化させる
ことができる．さらに，必要になったときに必要な分だけ利用して利用料を支払
う**従量課金モデル**（pay-as-you-go model）がクラウドにおける基本的な課金方式
であるため，金銭的メリットも同時に享受できる（**図 2.3**）．

図 2.2　クラウドなら即座に好きなだけ使える　　**図 2.3**　従量課金モデルの概略図

2.1.3　クラウドはどこにある

　クラウドは現代の IT サービスにとって欠かすことのできないインフラストラクチャとなりつつあるが，日本国内のみならず，米国や欧州をはじめ，世界中に配置されたデータセンタで管理・運用されている全世界にまたがるシステムである．このことは，クラウド上のサービスを利用する立場のユーザからは特に意識されることは少ないかもしれないが，少なくともアプリケーションを作成したりクラウド上でインフラストラクチャを作成したりする開発者としては，意識する必要がある [*1]．

　また，クラウドで利用するデータセンタは専用のグローバルなネットワーク網を通じて相互につながっていることがほとんどである．つまり，海底を這うように大陸間を結合している広帯域のグローバルネットワーク網を使うことで，インターネットを経由せずに効率よく安定的な通信を，クラウド内のサービス間で行うことができるようになされているのである．

　これらの巨大なデータセンタやグローバルネットワーク網を管理してクラウドをサービスとして提供するのが，**クラウド事業者**（cloud service provider）と呼ばれる企業である．クラウド事業者として代表的な企業は，Alibaba Group や Amazon.com，Google，IBM，Microsoft といった米中を代表する巨大な IT テックカンパニーである．2020 年の時点では，これらの企業だけでパブリッククラウドのマーケットシェアのおよそ 7 割を占めているというレポートも報告されている．クラウドそのものの運用には非常に高度なテクノロジーが必要であり，なお

---

*1　この理由は，例えば 222 ページ参照．

かつスケールメリットが利いてくる領域であるため，より大規模にクラウドを運用して提供できる企業がコスト面でも有利となってくる傾向は否めない．

　一方，残りの3割の事業者については，大小含めた国内外の多くのIT企業が含まれるが，それらの事業者はユーザのさまざまなニーズに合わせたクラウドを提供している．クラウドの利用が浸透していく中で，ITに強い企業やベンチャー企業のみならず，金融や製造業，さらには国や自治体ならびに研究機関などで利用するシステムにもクラウドが使われ始めている．企業や機関ごとに求められる機能やデータの保存場所，セキュリティ，法律など，さまざまな要件のすべてを既存の大規模なクラウド事業者が解決できるとは限らず，そういった中で，これらの特別なニーズに答えることが可能なクラウドがパブリッククラウドおよびプライベートクラウドを含めて求められている．

　このように，既存のクラウドではカバーしきれない問題を解決しつつ，クラウドの柔軟性やコストなどのメリットを活かすことを目標に，従来のシステムをクラウド化していく，もしくは，既存のしくみとクラウドを併用するといった流れが急速に広がっているのである

2.2 クラウドの利用形態を知ろう

　クラウドを利用するうえで，クラウドの利用形態や提供方法の種類やそれらの特徴を知ることは重要である．また，クラウドという用語自体は非常に便利で多様な意味で幅広く使えるため，話し手や状況によって指すものが変わってきてしまうことが多々あるのが実情である．

　ここでは，クラウドの種類や関連する用語についての解説とともに，最も一般的なクラウドシステムまたはクラウドインフラストラクチャという観点で，クラウドはどのような形態でユーザに提供されるのか，クラウドのリソースはどう管理されるのかということについて説明していく．

2.2.1 パブリッククラウド

　パブリッククラウド（public cloud）とは，クラウド事業者が所有し管理するITリソースプールからユーザにリソースを提供するサービスが利用可能なクラウ

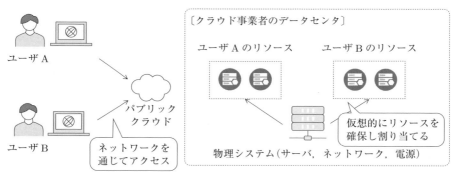

図 2.4 パブリッククラウドの概略図

ド環境であり，ユーザは主にインターネットを通じて，それらのリソースにアクセスすることになる．

　代表的なパブリッククラウドとして，Alibaba Cloud，Amazon Web Services（AWS），Google Cloud，IBM Cloud，Microsoft Azure[*2]といったものがあげられる．

　これらのパブリッククラウドでは，クラウド事業者が所有する巨大なデータセンタの中にある抽象化されたリソースプールからユーザの要求に応じて切り出されたリソースが提供されることが一般的である．

　したがって，データセンタというレベルでみると，ユーザ A が要求したクラウドのリソースとユーザ B が要求したクラウドリソースが，同じリソースプールを共有するように割り当てられること（**マルチテナント**（multi-tenancy））が一般的である．

　ただし，もちろんクラウドではすべてのリソースが論理的に分離されているため，同じリソースプールを共有していたとしても互いのリソースがみえることはない．

2.2.2　プライベートクラウド

　次に，**プライベートクラウド**（private cloud）とは，単一のユーザや組織など，ある一定の限られたユーザしかアクセスすることができない場所に用意されたクラウドサービスおよびリソースを提供するクラウド環境である（**図 2.5**）．リソー

---

*2　アルファベット順．

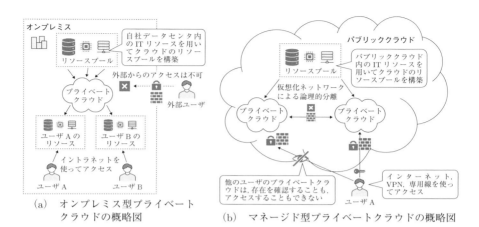

(a) オンプレミス型プライベート
クラウドの概略図

(b) マネージド型プライベートクラウドの概略図

図 2.5 プライベートクラウドの概略図

スプールやネットワークなど基盤となるインフラストラクチャが分離され，その
ユーザ専用にクラウド環境が構築されていれば，プライベートクラウドと呼ぶこ
とができるが，データセンタ，リソース，ネットワークにまたがる複数の分離モ
デルの定義によって，プライベートクラウドはさらに細分化して説明することが
できる．

(1) オンプレミス型プライベートクラウド

オンプレミス型プライベートクラウド（on-premises private cloud）とは，ユー
ザや組織自身が所持する IT インフラストラクチャの中でそのユーザ専用に構築
されたクラウド環境であり，最も原子的な定義にもとづくプライベートクラウド
である．例えば，社内で管理するデータセンタにクラウドを構築・管理するため
のソフトウェアを導入して用意されたクラウド環境は，物理的な IT システムその
ものが**オンプレミス**（on-premises），すなわち，ハードウェアもネットワークも
物理的にインターネットとは隔離された自社内に設置された強い分離モデルの中
で動作するため，オンプレミス型クラウドといえよう．この場合，イントラネッ
トなど自社内に閉じたネットワークを利用することができるユーザのみが専用で
アクセスおよび利用できる．

ユーザの要求に応じてリソースを確保して提供する，およびユーザ間は論理的
に隔離されており，お互いのリソースはみえないといったクラウドが提供する基
本的な機能はパブリッククラウドと同様であるが，オンプレミス型プライベート

クラウドでは，パブリッククラウドとは異なり，ユーザもしくは組織がハードウェアを含むシステムのすべてを自社で管理することを意味する．当然，コスト面での負担は一般的には大きくなることが多いものの，ユーザが求める要件次第では必要なコストであり，強い分離レベルを保ちながらクラウドを利用できるメリットは大きい．

(2)　マネージド型プライベートクラウド

マネージド型プライベートクラウド（managed private cloud）とは，クラウド事業者が提供する IT インフラストラクチャの中でユーザ専用に構築されたクラウド環境であり，**ホスティング型プライベートクラウド**（hosted private cloud）とも呼ばれる．マネージド型プライベートクラウドにもいくつかの種類があるが，このモデルでは，オンプレミス型とは異なり，クラウド事業者が管理するクラウド内のリソースプールを用いつつ，仮想化されたネットワークおよびファイヤウォールを用いてネットワークレベルで論理的に分離されたクラウド環境を提供する．なお，一般的には，VPC（75 ページ参照）という名称でさまざまなクラウド事業者が提供している．データセンタを含むハードウェアやリソースプールの管理をクラウド事業者に任せつつ，ネットワークレベルでの分離により，セキュア（安全）な環境が構築できるメリットがある．

さらに，より強い分離モデル，すなわち，データセンタ内のインフラストラクチャの一部をユーザが専有して構築されたプライベートクラウド環境も利用可能である．すなわち，ネットワークの分離に加えて，物理サーバ単位，ラック単位，リージョン単位，さらにはデータセンタ単位など，物理レベルで完全に他のユーザと分離されたセキュアな環境でより高い分離レベルを確保する**専有型クラウド**（dedicated cloud）も，マネージド型プライベートクラウドの一種だといえよう．

2.2.3　プライベートクラウドとパブリッククラウドの違い

このように，クラウドを使う側の感覚としては，プライベートクラウドもパブリッククラウドも，自由にリソースを追加・削除してネットワークを通じて論理的に分離されたシステムにアクセスできるコンピューティング環境という観点ではどちらも同じクラウドである．しかし，両者にはさまざまな違いがあり，それぞれにおけるメリット・デメリットをユーザは理解していく必要がある．ここでは，いわゆるオンプレミス型プライベートクラウドとパブリッククラウドという，

とりわけ比較されることが多い両利用モデルの違いについて説明していく.

　両者の最も大きな違いは,「データセンタを含めた物理的なシステムを誰が管理しているのか」という点であり,それに付随して性能やセキュリティ,運用および可用性(4ページ参照)といったさまざまな非機能要件において違いが出てくる.

　すでに述べてきたとおり,パブリッククラウドはクラウド事業者が物理的なシステムを管理し,オンプレミス型プライベートクラウドではユーザ自身が物理的なシステムを管理している.プライベートクラウドのメリットは,すべてを自分たちで管理するため,「最新のGPUや特殊なハードウェアやネットワークを使いたい」「社内ネットワークの外に出してはいけないデータを管理したい」「システムにアクセスするレイテンシ(5ページ参照)をできるだけ最小化したい」など,物理的なデータセンタの場所やその中で稼働させるハードウェアを含めたシステム,およびその変更に対する自由度が高いことである(**図2.6**).もちろん,ハードウェア機器の陳腐化への対応や可用性の確保といったシステム運用や保守といった部分で継続的にコストをかけてメンテナンスしていく必要があるが,システムを自分たちでもっていなければできないサービスもあるため,このような要件を満たすべきクラウド環境に対する要求は往々にして存在する.

　一方,パブリッククラウドのメリットは,システムおよびリソースを自分たちで

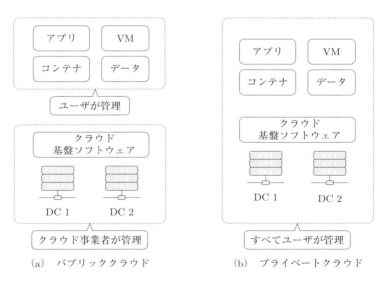

（a）　パブリッククラウド　　　　　　（b）　プライベートクラウド

図 2.6　パブリッククラウドとプライベートクラウドの比較

調達または管理しなくてよくなるため，結果として拡張性や機敏性の向上や運用コストの低下，クラウド事業者がそのクラウドの中で提供するさまざまな機能を活用することによる利便性や機能性の向上などがあげられる．システムを所有しないということは，パブリッククラウドが提供する最新のしくみに乗りかえていくことも容易となる．また，自由かつ柔軟にリソースを追加するにしても，データセンタが提供可能な上限を超えることはできないため，物理的なシステムの上限を気にすることがないパブリッククラウドのほうが柔軟性は高くなり，システムの増強や縮退が容易に可能となる．当然，用意したいクラウド環境の規模感や用途などによっては逆転することもありうるが，単純に同程度のハードウェアを用意して運用した場合，運用コストという観点ではパブリッククラウドに軍配が上がることが多いだろう．

2.2.4　ハイブリッドクラウド

　ハイブリッドクラウド（hybrid cloud）とは，パブリッククラウドやプライベートクラウドのクラウド環境を複数組み合わせて，構築したクラウドのことである（**図 2.7**）．代表的なハイブリッドクラウドの構成としては，オンプレミスで構築されたプライベートクラウドと，クラウド事業者の提供するパブリッククラウドを組み合わせて，1つの大きなクラウドとして利用するというものである．例えば，オンプレミス上でしか扱えないデータや，レイテンシの問題によりオンプレミス上で処理する必要のあるものはプライベートクラウドで，その他のデータはパブリッククラウドで処理するといった使い分けや，プライベートクラウドのリソースが逼迫したときに必要に応じて，パブリッククラウドでリソースを確保して，シームレスに処理を行うといったユースケースが考えられる．

　ここで，ハイブリッドクラウドを構築するソフトウェアの一般的な役割は，異なるネットワークに存在して直接通信ができない複数のクラウド環境を API や統一的なクラウド基盤で連携し，VPN，専用線といったさまざまなサービスを用いてネットワークを結合させ，異なるセキュリティポリシーや ID 管理などの差異を吸収し，さらにはクラウド上で動作するジョブやタスクの管理を行うことである．

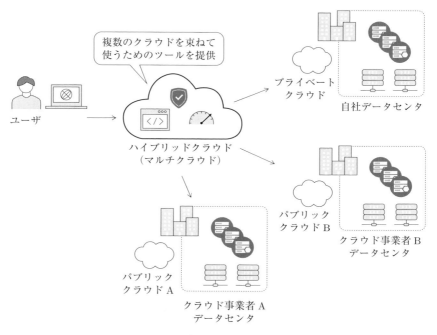

図 2.7 ハイブリッドクラウドの概略図

2.2.5 マルチクラウド

　マルチクラウド（multicloud）とは，AWS, Google Cloud, IBM Cloud, Microsoft Azure といった複数のクラウド事業者が提供するパブリッククラウドを連携させて構築したクラウド環境のことである．「ロックイン（20 ページ参照）を避けたい」「タスクの特性に応じてクラウドを使い分けたい」「冗長化してクラウド障害に対するリスクを減らしたい」といった理由で検討されることが多い．ただし，クラウド事業者ごとに異なった API や構成であることが多いので，複数のクラウドに対する理解や，その必要性を十分に検討してから採用しなければならない．

　つまり，マルチクラウドは，1 つのクラウドをうまく使いこなしていて，さらに一歩進んだ機能を導入するものであり，クラウド移行の最初期に検討するモデルではない．しかし，そのニーズは高く，近年では複数の異なるクラウドであっても統一的な API や実行環境でワークロード（24 ページ参照）やサービスを管理するためのフレームワークの開発も進んでいる．

●COLUMN●

コラム 2.1　オンプレミス上のシステムの必要性

　クラウドの時代が到来する以前は，ほとんどのシステムやアプリケーションはオンプレミス上で構築・運用されてきた．その理由は，大きく分けて 2 つあると考えられる．

　まず，単純に，必要なシステムを自社の外部で実行・管理・運用するだけの性能を提供できる外部サービスが存在していなかったことであろう．あるいは，仮に存在しても，低速かつ高遅延なネットワークしかなく，利用が現実的ではなかったのは想像にかたくない．

　もう 1 つは，さまざまな要件から物理的にシステムが自社内に存在しなければならない事情があったのであろう．例えば，高いセキュリティ要件を満たすために外部ネットワークからのアクセスを遮断したシステムを構築する必要があったり，大量のデータをテープドライブに永続的に保存する必要があったり，工場の生産機械などとの連携が必要であったりなどである．

　しかし，ネットワーク性能の向上や仮想化技術の発展を背景にしてクラウド事業者が登場したことにより，オンプレミスでの実行・セキュリティと遜色ない性能のシステムがクラウド上に柔軟に構築できるようになった．その結果，既存の社内システムやサービスのオンプレミスからクラウドへの移行が続々と進んでいる．

　それでは，今後はオンプレミス上でのシステムはすべて不要となるのであろうかというと，構築したいシステムが満たすべき要件次第ということになる．現在でも，セキュリティ要件，ネットワークやストレージの性能要件，特殊なハードウェアやアクセラレータを使用したいなどといったさまざまな要件が重なることでオンプレミスでしか達成しえないシステムというものは少なからず存在する．

　したがって，実現したいアプリケーションや導入したいシステムに必要な要件をユーザ自身が正しく理解・定義して，そのアプリケーションやシステムがオンプレミスでしかなしえないものなのか，はたまたクラウドでも十分実現できるものなのかを見きわめることが大事となってくる．

　ユーザ自身がクラウドを理解し，個々のアプリケーションやシステムの適切な構成を判断できる知識を身に付けることが，クラウドへの移行を考える第一歩である．

2.2.6 クラウドを使いわけるために

　以上，パブリッククラウド，プライベートクラウド，そしてハイブリッドクラ
ウド，マルチクラウドについて，その特徴とともにユースケースをいくつか紹介
してきた．クラウドは，物理的には巨大な計算リソースから仮想的に切り出され
た計算リソースを使うためのしくみであるが，パブリック/プライベート/ハイブ
リッド/マルチといった利用形態に着目すると，そもそもリソースやインフラスト
ラクチャを誰が管理するのか，どこまでの範囲をクラウド事業者の管理に任せる
のかという点がそれぞれ異なることになる．

　これらのクラウドの利用形態を使い分ける，もしくは選択するためにユーザに
求められる最も大事なことは，クラウドを使いたいユーザ自身が自分たちが実現し
たいシステムに必要な要件を理解することである．それを踏まえたうえで，ユー
ザがクラウドに期待することと，ユーザが想定するクラウドの利用モデルをすり合
わせていくことで，利用すべきクラウド利用形態を決めていくことが重要である．

2.3　クラウドのサービスモデルを知ろう

　クラウドが提供するリソースはクラウドの **VM**（Virtual Machine，**仮想マシン**）
を提供するサービス，クラウド上でプラットフォームを提供するサービス，クラ
ウド上で管理されたアプリケーションやサービスを提供するサービスなど，実際
に利用するサービスモデルごとに異なっている．

　しかし，前節で述べたクラウドの利用形態と，以下で述べるサービスモデルを
合わせることで，クラウドの利用方法について一般的なモデル化が可能である．

2.3.1 IaaS

　IaaS（Infrastructure as a Service）とは，クラウド上で VM を提供するサービ
スモデルである（**図 2.8**）．これによって，クラウド上で CPU やメモリ，ディス
クといったリソースを確保し，Windows や Linux といった OS を自由に選んで
インストールし，ユーザが慣れ親しんだ環境と同じような環境を VM で立ち上げ

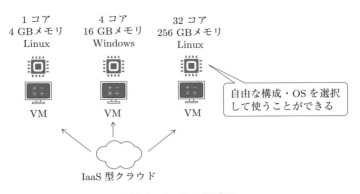

1 コア
4 GBメモリ
Linux

4 コア
16 GBメモリ
Windows

32 コア
256 GBメモリ
Linux

VM　　　　VM　　　　VM

自由な構成・OS を選択
して使うことができる

IaaS 型クラウド

図 2.8　IaaS の概略図

て利用することが可能である．IaaS は，ネットワークを介してセキュアシェル[*3]
などを用いてリモートからログインして利用することができ，オンプレミス上で
管理していたシステムとのギャップも少ないため，クラウドに慣れ親しんでいな
いユーザにとってもギャップが少なく，利用しやすいモデルであろう．また，自
由に VM を作成したり，一時的に止めたり，不要になった VM を削除したりする
ことも容易である．さらに，従来のオンプレミス環境では不可欠なシステム面の
運用（ハードウェア，ネットワーク，システムの更新など）ならびにソフトウェ
ア面での運用（ホストマシンの OS やセキュリティソフトウェアのアップデート
など）についてユーザは気にする必要がなくなる．

　一方，データセンタ内のシステムおよびハードウェアの構成，ハイパーバイザ
（61 ページ参照）のレイヤまでがすべてクラウド事業者の管理下に置かれること
になる．

　また，IaaS では，VM 自体はユーザ自身の責任で管理する必要があることに注
意が必要である．つまり，VM で動作する OS やパッケージのアップデート，ソ
フトウェアの管理などはすべてユーザが行わなければならない．既存のオンプレ
ミス環境で動いていたシステムがクラウドに移行したら動かない，もしくは，期
待した性能が出ない事態におちいった場合の責任はユーザにある．

　IaaS では，VM より上のソフトウェアからアプリケーションにいたるまでを
ユーザが構築・管理していく必要がある．

[*3]　**セキュアシェル**（SSH：Secure SHell）とは，暗号化した通信経路を構築してネットワー
　ク上に存在するサーバにリモートからアクセスするためのプロトコルのこと．

　したがって，IaaS を後述の PaaS などと比べた場合のデメリットとして，クラウドにもかかわらずユーザ側の責任で設定すべき項目が非常に多くなる点があげられる．具体的には，VM 内のパッケージの管理，セキュリティ設定，プロセスが停止した場合の原因究明などをユーザが行うことになり，クラウドを使うメリットが十分に活かされないこともあるだろう．IaaS を使うユースケースをいくつか考えてみよう．

　　・オンプレミス上で動作していた VM をそのままクラウド上の VM に移したい．
　　・オンプレミスのしくみをそのままクラウド上の VM に移行したい．
　　・コンテナ環境よりも高い隔離性をもった VM 環境を使いたい．
　　・VM の中でさらに VM を立ち上げたい（**Nested Virtualization**）．

　これらのユースケースをまとめてみると，既存の環境を移したい，あるいはリソースの分離について高い要求がある場合に IaaS を利用することが想定される．IaaS なら，VM で OS レベルを含めて自分たちで運用して，サービスやシステムをつくることが可能である．

2.3.2　PaaS

　PaaS（Platform as a Service）は，クラウド上に，アプリケーション実行のためのプラットフォーム（ミドルウェア，ランタイム（プログラム実行環境），フレームワークなど）が提供されるサービスモデルである．インフラストラクチャやミドルウェアに対する運用はクラウド事業者が行ってくれるため，ユーザはアプリケーションやサービスの開発のみに注力すればよくなる．

　さらに，提供されるプラットフォームによって細かい分類が存在する．以下に代表的なものをあげる [*4]．

(1)　CaaS

　CaaS（Container as a Service）はコンテナ実行環境をクラウド事業者が提供するサービスモデルであり，これによってユーザは実行したいアプリケーションをコンテナイメージとしてクラウド側に用意するだけでよくなる．また，サーバやランタイムなどのインフラストラクチャの管理だけでなくコンテナアプリケー

[*4]　コンテナ，Kubernetes などの用語については後述する．

ションの**死活監視**（liveness probe）*5やスケーリング（32 ページ参照）等までもクラウド事業者がカバーしてくれることが一般的である．例えば，定期的に起動するバッチジョブなど，1 つのコンテナで完結するようなアプリケーションでの利用などが考えられる．

(2) KaaS

KaaS（Kubernetes as a Service）は，Kubernetes 環境をクラウド事業者が用意するサービスモデルである．Kubernetes はコンテナ管理のプラットフォームのデファクトスタンダードとして成長してきており，多くのエコシステムやミドルウェアが Kubernetes 上で動作することを前提としている．Kubernetes はもともとコンテナをプライベートクラウドで運用するためのしくみとして利用されてきたが，パブリッククラウドを含めたハイブリッドクラウドを利用する流れの中で，クラウド事業者のフレームワークである CaaS だけではなく，同じ API で統一的にクラウドを扱える Kubernetes をパブリッククラウドでも使いたいという要求が増えてきた．しかし，Kubernetes そのものを正しく運用することは非常に難しいため，クラウド事業者が管理している Kubernetes 環境を用いることで，そのセットアップや運用を気にすることなく，Kubernetes 環境を即座に構築・利用できるのが KaaS のメリットである．

(3) FaaS

FaaS（Function as a Service）は，サーバーレス実行環境をクラウド事業者が提供するサービスモデルである．これによって，ユーザが管理しなければならないのは関数のみになる．つまり，リクエストに対して処理を行う関数を用意して，そのコードをクラウドに登録しておくだけでよくなる．仮に，大量のリクエストが急に発生するような事態におちいったとしても，FaaS に設けられたオートスケール機能（38 ページ参照）などを利用して，負荷に応じた分だけを処理するシステムが容易に構築できる．

いいかえれば，PaaS は，ユーザがアプリケーションを構築後，それをすばやくサービスとして展開するためのプラットフォームを提供してくれるサービスモデルである．柔軟性やスケーラビリティ（拡張性）といった，クラウドを使うメリットを最も手軽に享受できるものであるといえる．

---

*5　外部から，定期的かつ継続的に稼働状況を調べる機能のこと．

2.3.3　SaaS

　SaaS（Software as a Service）は，ソフトウェアやサービスをクラウド事業者がユーザに提供するサービスモデルである．オンプレミスでは，ソフトウェアは購入してインストールして使うという形が主流だが，クラウドの場合，SaaS によってサブスクリプションでソフトウェアやサービスの一時的な利用権を購入するといった形をとることが多いだろう．クラウド事業者が更新も含めてソフトウェアやサービスの管理をしてくれるため，特にカスタマイズをする必要のないユーザにとっては利便性が高い．すでにファイル共有サービスやメールサービスからビジネス系のオフィスパッケージ，人事管理システム，会計システムにいたるまで，多くのアプリケーションが SaaS を利用したものとなっている．

　一方，SaaS によって提供されるソフトウェアやサービスでは，アクセスできないといったトラブルが生じた際に，アプリケーションそのもののエラーなのか，その下で動作するクラウドインフラストラクチャのエラーなのかが，ユーザにとってはわからないことが多い．

2.3.4　クラウドのサービスモデルを使い分けるために

　以上，クラウドの各種サービスモデルについて概略を述べた（**図 2.9**）．ユーザがクラウドに求めるものが VM リソースであれば IaaS，より広範囲のアプリケーション実行環境であれば PaaS，あるいは単にサービスとして利用したいだけであれば SaaS といった選択肢があり，どこまでを自社で管理・運用したいかによって利用すべきサービスモデルは異なってくる．

　一方，SasS で提供されるようなシステムを自社で一からつくってクラウドで運用することももちろん可能だが，それらを開発・運用するコストと SaaS で利用するコストを天秤にかけると，多くの場合，自社で開発するメリットは薄いだろう．できるだけ具体的に，どこからは自分たちで構築する必要があるのかを明らかにしていくことが重要である．

　このために，本当にビジネスとして提供したいサービスは何であるのか，その構築に必要なリソースは何なのかを明らかにし，責任範囲を決めていくのが責任共有モデル（15 ページ参照）の考え方である．責任共有モデルは，クラウドの各種サービスを使い分けていくために押さえておくべきものである．

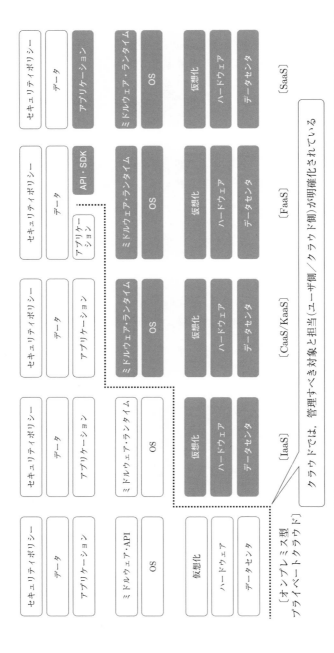

図2.9 サービスモデルの比較（黒文字：クラウド側：クラウド側の責任で管理するリソース、白文字：ユーザ側：ユーザ側の責任で管理するリソース）

2.4 クラウドにおけるコンピューティングの仮想化

　クラウドを構成するすべてのレイヤにおいて必須の要素技術が**仮想化**（virtualization）である．すなわち，仮想化によって，クラウドという巨大なコンピューティングリソースが効率的に抽象化されてリソースがユーザに提供されており，なおかつ，異なるユーザ間で互いのリソースがみえないように論理的に分離されている．

　さらに，現在のクラウドでは，VMやコンテナによってコンピューティングリソースの仮想化・隔離・抽象化がなされているのみならず，メモリ，ストレージ，ネットワークなどのハードウェアも含めて，データセンタそのものが仮想化されたリソースプールといってもよい．いいかえれば，**クラウド**とは「巨大なデータセンタを抽象化・仮想化して，ユーザに提供するOS」といえるかもしれない．

　以下では，実際にクラウドで利用可能なサービスやコンポーネント（コンピューティング，ネットワーク，ストレージ）を重点的に解説していく．まず，それらのコンポーネントで使われている仮想化技術に触れながら，サーバの仮想化やコンテナ，サーバレスについて説明する．さらに，それらを束ねて管理するためのKubernetes についても解説する．

2.4.1　ハイパーバイザ

　ハイパーバイザ（hypervisor）とは，物理的なハードウェアを提供するホストと，その上で実行されるゲストの間に存在して，リソースを分離・管理して仮想化を実現する基盤ソフトウェアである．ハイパーバイザによって区画を分離することで，複数のVMに対してそれぞれに異なるOSをインストールすることができるようになる．ハイパーバイザにも実に多くの種類があるが，Linux では**KVM**（Kernel–based Virtual Machine）が標準の仮想化機能として実装され，幅広く利用されている．近年のクラウドでは，KVMをベースにしてセキュリティなどの面での機能強化や，ハードウェアとの連携強化が図られており，一般に，クラウドで動作するハイパーバイザの信頼性や性能は近年大きく改善してきている．

　そもそもVMを使う最も大きいメリットは，その利用方法やリソースの柔軟性

●COLUMN●

コラム 2.2　クラウドを支える仮想化

　仮想化のコンセプトや技術は，クラウドとともに現れたわけではなく，コンピュータの歴史に寄り添って発展してきたものである．しかし，そもそもはハードウェアが比較的高価であり，1つの巨大なコンピューティング環境を効率的に分割・共有して使う必要があったために，巨大なコンピューティングリソースから性能が保証された区画を切り出し，その独立した環境に OS を入れて多数のシステムを管理する**メインフレーム**（main frame）と呼ばれる技術などが発展してきた．このメインフレーム技術は，VM やハードウェア仮想化においても土台となっており，クラウド技術そのものだといっても通じるところがある．

　一方，現在では，大量にサーバを並べてネットワークで接続してクラスタを構築することができるようになり，それらを逆に1つのコンピューティング環境にまとめて効率的に利用するために仮想化が必要とされている．さらに，仮想化技術をとりまくしくみがオープンソースとして提供されるようになったことで，個人レベルの PC 環境からスーパーコンピュータレベルのハイエンド環境までのすべての環境がシームレスに実現するようになっている．

　コンピュータの発展とともに培われてきた仮想化のさまざまな技術がオープンソースとして広く提供されることになったことが，現在のクラウドを支えているのである．

の高さにある．VM なら，ものの数分で CPU，メモリ，ディスクを必要な分だけ確保することができ，OS（ゲスト OS）なども，ある程度自由に選択可能である（**図 2.10**）．ディスクは，ブラウザや API を介して簡単に追加・削除できる．これによる金銭的メリットも大きい．また，ワークロード（24 ページ参照）や使用したいデバイスの種類によっては，オンプレミスで動作させたほうがよい場合もあるだろうが，クラウドにおいて提供される VM はシステム上でホスト OS を介さずに動作するハイパーバイザを使っており，さらにはハードウェアに備わった仮想化支援機構（Intel VT-x や AMD-V など）を使ってできるだけゲスト上の命令をそのままホスト側の CPU で実行する効率化が図られており，ホストでの実行と遜色ないレベルの性能を達成している．

　一方，逆に仮想化されていないベアメタル（物理サーバ）と比べた場合の VM のデメリットとしては，ハードウェアを含めた場合に計算環境のカスタマイズが

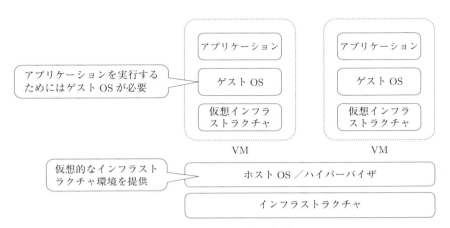

図 2.10　VM 実行環境の概略図

しにくい点があげられる．特に，ストレージやネットワークなどの入出力に関しては，クラウド事業者側でサポートする機能の内容によっては帯域が制限される可能性もある．

2.4.2　コンテナ

　次に，最近のクラウドでの必須の知識となっているコンテナについて説明する．とはいえ，コンテナにかかわるすべてを解説することはできないので，本質的な部分やメリット等のポイントにしぼる．

(1)　コンテナとは何か

　コンテナ（container）とは，アプリケーションの実行環境をパッケージング化し，OS レベルで隔離・分離してプロセスとして動かすための技術である．すなわち，アプリケーションの設定や実行ファイル，ライブラリなどを，パッケージ（コンテナイメージ）化して実行できることが確認できれば，Docker をはじめとしたコンテナランタイムが OS 上に用意されている環境で，クラウドでもオンプレミスでも，そして手もとのラップトップでも同じように実行できるのがコンテナの特長である（**図 2.11**）．

(2)　コンテナを使用するメリット

　コンテナを使用するメリットの 1 つは，VM と比べて圧倒的に軽量であることである．コンテナは，コンテナをホストする OS の機能を共有して使うため，ア

●**C O L U M N**●

コラム 2.3　デスクトップの仮想化技術とクラウドの仮想化技術の違い

近年，既存のシステム上に VM を立ち上げて利用することが一般化している．例えば，Virtual Box や VMWare Workstation Player などを手もとのマシン環境にインストールして，簡単に VM を試すことができるし，Vagrant のような仮想化環境の構築をサポートするツールも広く出回っている．そのため，デスクトップ環境で利用可能な VM に慣れ親しんだユーザにとっては，VM は遅いという印象だけが残ってしまっているかもしれない．入出力デバイスや CPU リソースを抽象化して提供する仮想化技術においては，いかに**オーバヘッド**（overhead）[*6] を減らすかが鍵になるが，OS 上で動作するハイパーバイザは非常にコストがかかるからである．

しかし，クラウドの仮想化技術は，ハイパーバイザがシステム上でホスト OS を介さずに動作するなど，ハイパーバイザおよび VM モニタを実現するしくみが異なっている．

そのため，デスクトップとクラウドにおけるハイパーバイザの実現方式の違いを正しく理解して，それらで動作する VM の性能を比較してみると，クラウド移行に対する心理的障壁を取り払うことができるかもしれない．

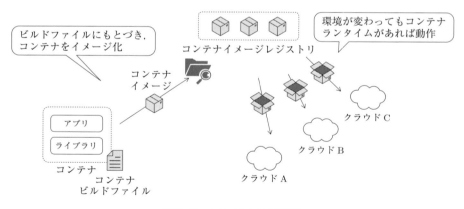

図 2.11　コンテナの概略図

プリケーションだけが入った状態でも動作させることが可能であり，わずか数メガバイト単位で構成された特定のタスクのみを行うようなアプリケーションの実

[*6]　本来の処理に対して，本質ではない処理，無駄な処理のこと．

行にも適している．したがって，後述するマイクロサービスといった形でアプリケーションを構成することにも適している．

また，起動にかかるオーバヘッドがなく高速に動作することもメリットである．VM ではデバイスの初期化や OS の起動などの起動コストが必要となるのに対して，コンテナなら数秒以内でアプリケーションを立ち上げることが可能である．

さらに，コンテナイメージのポータビリティ（可搬性）の高さも大きなメリットである．一貫性をもった形でコンテナイメージを**ビルド**（build）[7]すれば，ビルド環境と実行環境が異なっていても問題にならない．

(3) コンテナをクラウドで使うユースケース

アプリケーションのコンテナ化は，クラウドでは必須といってもよいが，最も適しているユースケースとして，マイクロサービス型のアプリケーションがあげられる [8]．多数のサービスが個別に動作し，有機的に結合してつくられるマイクロサービスでは，サービスの一部だけの変更が柔軟に行えることが期待されている．このとき，コンテナの軽量さとポータビリティが，ビルド時間や**デプロイ**（deploy）[9]時間の短縮，実行の再現性に果たす役割は大きい．

一方，従来はネットワークやストレージなど入出力の影響が比較的高い分野，例えば，データベース，分散並列ジョブ，GPU を使った機械学習タスクなどは，コンテナで実行するとオーバヘッドにより従来よりも性能が低下する場合があるため，コンテナ化があまり適さないといわれてきた．しかし，最近ではこれらでもコンテナ化することによる利便性向上に加えて，ハードウェアを直接コンテナから使えるようにすることでオーバヘッドも少なくなり，メリットのほうがデメリットを上回っており，コンテナで実行されるようになってきている．

2.4.3 サーバレス

(1) サーバレスとは

サーバレス（serverless）とは，一般的には FaaS（58 ページ参照）として分類されるアプリケーション実行環境，ならびにプラットフォームであり，**ロジック**（logic）[10]を関数やメソッドとして実装しておくだけで，イベントドリブン，ま

---

[7]　ソースファイルをコンパイルして，実行可能なファイルにすること．

[8]　マイクロサービスについての詳細は後述する．

[9]　ソフトウェアを実際の運用環境に配置・展開すること．

[10]　処理を実現する手順や計算の組合せのこと．

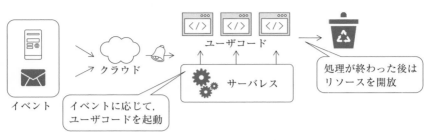

図2.12 サーバレスの概略図

たはリアクティブに動作するようにつくられたアプリケーションのことを指す（**図2.12**）．つまり，サーバレスの「レス」は，「サーバおよび実行環境を自分で管理・運用しない」ということを表している．これによって，VMにどの程度のリソースを割り当てるのかを事前に考える必要がなくなるだけでなく，処理を開始するためにあらかじめサービスを立ち上げておく必要もない．さらには，記述したロジックが動作する実行環境についても考える必要もない．いわば，運用（ランタイム，スケーリング，リソースの管理など）をすべてクラウド事業者に任せられるため，ユースケースにマッチする場合は非常に強力なアプローチとなる．

また，VMを使用する場合は，実際にCPUやメモリが使われているかどうかにかかわらず，確保したリソースに対して時間あたりのコストがかかってくるが，サーバレスならリクエストドリブン，つまり使った分だけ支払う形になる．このピーク／オフピークの実態に合わせて柔軟に利用できるところがサーバレスのメリットの1つである．

なお，実行したいコードを含むようにビルドしたコンテナを登録することもできるが，クラウド事業者が提供するサーバレスプラットフォームを使う場合は，基本的には任意の言語，およびAPI・ソフトウェア開発キット（**SDK**：Software Development Kit）[*11]を用いて，実現したいロジックをコードとして記述して登録するだけになる．こうした特徴をもつサーバレスは，仮想化というより，むしろ抽象化といったほうが正しいだろう．

(2) サーバレスに適したユースケース

サーバレスを使うと，実際に処理したトランザクション数に応じて利用するリソースを自動的に最適化できるため，あらかじめ処理を行うサーバを確保してお

---

*11 プログラムやAPI，サンプルコードなどをパッケージングしたもののこと．

●COLUMN●

コラム 2.4　VM とコンテナ

　VM とコンテナは，仮想化という切り口で比較されることが多い．確かに，仮想化を提供するしくみとしたほうがコンテナを理解しやすいことはあるだろう．しかし，前述のとおり，VM とコンテナは実装技術や背景，さらには利用目的も大きく異なっている．**VM** がハードウェアを仮想的にみせることに重きを置き，複数のプロセスを同時に扱える従来どおりの OS を意識したコンピューティング環境であるのに対し，**コンテナ**はあくまでアプリケーションが動作する最小単位の実行ファイルやライブラリをパッケージングしたコンピューティング環境である（**図 2.13**）.

　つまり，コンテナは，コンテナ型仮想化という呼ばれ方をされることも多いが，実態は隔離された環境で動作する 1 プロセスにしかすぎない．コンテナ内部（ユーザ側）からは，隔離された環境の外部，すなわちホスト側で動作する他のコンテナの情報はみえないが，コンテナ外部（ホスト側）からは，ホスト上で動作する多数のプロセスの 1 つとしてコンテナはみえることになる．コンテナの実態は，ホスト OS 上でスケジュール・管理されるプロセスなのである．これは，Linux においては名前空間（Namespace）による環境のプロセスや，ネットワーク空間などの分離と cgroups によるリソースの制限を行う機能を組み合わせることで実現されている．

　このような特徴をもつコンテナを実現する技術的要素やアイデアは以前から存在していた．古くは chroot，Free BSD の Jail や Solaris Container，OpenVZ，LXC といった形で，技術が発展・継承されてさまざまな場面で利用されてきた.

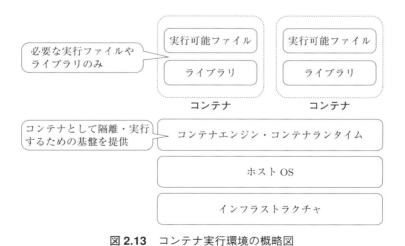

図 2.13　コンテナ実行環境の概略図

一方，コンテナの利用が急速に広まるきっかけの一翼を担ったのが，Docker である．Docker の爆発的な普及により，コンテナはクラウドのみならず，個人レベルを含めたアプリケーション実行・開発環境として飛躍的に認知されていった．
　すなわち，コンテナは，プロセスを分離して実行でき，差分管理されたコンテナイメージとして実行環境をパッケージ化して多種多様な環境に容易にデプロイできる．さらには，CI/CD や IaC，マイクロサービスといった現在のクラウドネイティブアプリケーションを支える実行環境とも非常に親和性が高い．このような特長をもつコンテナは，仮想化環境というよりも，アプリケーション実行環境として理解するほうが実態に即しているだろう．

く必要がなくなる（**図 2.14**）．このメリットが活きるのは，クライアントと直接データのやり取りをするフロントエンドに近い部分でクライアント側から飛んでくるイベントに対して，インタラクティブかつリアクティブに処理するユースケースであろう．例えば，モバイルアプリケーションや Web ブラウザなどの多数のクライアントからの API 呼び出しに対して，データベース等を参照しながら，何か結果を返すロジックの場合，どういうタイミングでどの程度のリクエストがくるかが事前に予測できないので，サーバの確保が不要になるメリットが大きい．また，ある程度，周期性はあってもリクエストがない時間が多い場合，リクエストに対してリアクティブに立ち上がって処理をして終了するロジックが非常に有効であるが，この場合もサーバの確保が不要になるメリットが大きい．
　さらに，クラウド内外のさまざまな API を連携してデータを加工していくストリーム処理や，簡易的なワークフロー処理などの ETL（Extract/Transformation/Load）の処理でも，サーバレスのメリットが活きる．具体的にはそれぞれのコンポーネントごとにサーバレスとして，メッセージングキューでつないで，リクエ

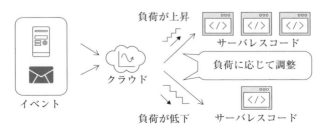

図 2.14　サーバレスは負荷に応じてリソースを調整できる

ストを送受信するロジックにすれば，コンポーネント間が疎結合化（95ページ参照）されて，柔軟なスケーリング（32ページ参照）が可能になる．

(3) サーバレスの注意点

一方，サーバレスでは小さな単位にまとめたコアとなる計算を大量，かつ並列にまとめてスケーリングすることを想定しているので，長い時間をかけて複雑な計算をするような大きな処理が混ざっているとそのメリットが失われてしまう．したがって，サーバレスでは，1つひとつをできるだけ軽い処理としてデザインする必要がある．同様の理由で，**ステートフルな処理**（stateful processing）[*12]の場合，状態を同期するコストが出てスケーリングしにくい構成となる可能性があるため，基本的にステートレスな処理としたほうがよい．

また，サーバレスを使用する場合，周辺のシステムを含めて全体的にクラウドに依存することになるため，**ロックインの危険性**，つまりそのクラウドでしか使えないシステムとなってしまう危険性があることに注意しなければならない．Kubernetes 上で動作する Knative など，サーバレスの標準化は進められているが，異なる環境・クラウドで同じ機能を実装する場合，往々にして異なる知識やチューニングノウハウが必要である．

さらに，実行環境および運用部分をクラウド事業者に委ねているので，アプリケーションの挙動や性能，およびエラー発生状況などのモニタリングに必要な情報の収集も一般的にはクラウド事業者に依存することとなる．またモニタリングシステムは，VM とサーバレスでは求められる機能も範囲も異なってくるので，この面で新たな投資や技術が必要となることが多い．

(4) サーバレスのトレンド

サーバレスの実行環境に最も求められる機能は他のユーザやアプリケーションと実行空間を確実に分離するセキュリティと，瞬時に立ち上がる高速性である．これに対して，より高速に起動可能な microVM をサポートする Firecracker や，seccomp などを用いてよりセキュア（安全）な分離プロセスとして扱うためのしくみを実装する gVisor や Kata Containers などを用いた改善が試みられている．また，microVM とセキュアコンテナを組み合わせて利用するアプローチも試みられている．

これまでに Web やエンタプライズ分野でよく使われてきた Java への対応も

[*12] 内部にデータを保存して，それを用いて処理をすること．参照するものが増えるうえ，内部データの一貫性を保つ必要があるなど，重い処理になることが多い．

●COLUMN●

コラム 2.5　Kubernetes が普及した背景

　2000 年代後半，Xen や VMware, KVM といったハイパーバイザを束ねて，パブリッククラウドのような環境を構築する実行基盤となるオープンソースソフトウェアが種々現れたが，なかでも，**OpenStack** は最もメジャーなシステムであった．OpenStack は，物理的なコンピュートクラスタマシン環境でストレージやネットワーク，VM イメージを適切に管理して自由な VM の設計を可能にするオープンソースソフトウェアであり，IaaS の普及に大いに貢献していった．

　かたやコンテナをクラスタワイドに管理・スケジュールするという観点から，Swarm, Mesos（Marathon）といったツールが現れた．

　このような中で，Kubernetes は 2014 年にオープンソースとして登場し，着実に開発者の興味を取り込んでいき，現在ではコンテナオーケストレーションツール（71 ページ参照）のデファクトスタンダードとしての地位を確立するにいたっているのである．

進んでいる．GraalVM や Quarkus といった Java をよりクラウドでの実行に特化させるためのしくみ，つまり高速な起動や省メモリスペース，さらには直接，実行可能な実行可能ファイルへの変換などのしくみが用意されてきている．

　今後は，サーバレスはクラウド側のデータセンタだけで動くものではなくなるかもしれない．IoT やエッジといったよりデータに近いところでコンピューティングする流れがあるが，このような場所は，サーバレスの特長が活きる環境である．データセンタからエッジまですべてを含めた環境をクラウドととらえるのであれば，サーバレスとして実装したアプリケーションを IoT やエッジといった端末側でも動作するような方向性が考えられる．

2.5　Kubernetes でコンテナを管理する

2.5.1　クラウドのプラットフォーム

　ここまで VM，コンテナ，サーバレスについて説明してきたが，実際のワークロード（24 ページ参照）ではこれらを単体で考えるだけで済むことはまれである．

例えば，リクエストを受け付ける Web サーバ，コンテンツごとや目的ごとにビジネスプロセスを実行するアプリケーションサーバ，そして，データを保存するデータベースサーバの3つを別々に動かすだけでは，Web アプリケーションとして動作しない．これらの管理を行うプラットフォームが別に必要になる．

ここで，「管理」といっても実際にはその項目は以下のように多岐にわたる．

- 起動するイメージはセキュリティ上適切か
- クラウド上のどこで実行するか
- ネットワークやストレージはどのように設定するか
- 複数あるコンテナを起動する順番をどう決定するか
- それらの接続性はどう確立するのか
- コンテナを起動した後に正常性の確認を行うかどうか

クラウドでは，プラットフォームはユーザに隠蔽されているケースがほとんどであるが，クラウド上でツール，ランタイム（プログラム実行環境），クラウド環境を正しく選択して実行するためには，ユーザとしてもプラットフォームについてある程度，理解しておく必要がある．以下では，クラウドのプラットフォームのデファクトスタンダードとなりつつある Kubernetes について簡単に紹介していく．

2.5.2　Kubernetes とは

Kubernetes とは，多数ある計算リソースを束ねてコンテナをその上で実行させるための**オーケストレーション**（orchestration）[*13]基盤である．すなわち，スケジューリング，ネットワークやストレージの接続性や容量の管理，コンテナイメージの管理，障害復旧やオートスケール，ロードバランシングといったコンテナを実際に計算環境で実行・運用管理していくうえで必要な数多くの機能をプラットフォームとして吸収してくれるものである．なお，Kubernetes を前提としたアプリケーションやシステムを **Kubernetes ネイティブ**（Kubernetes native）ということもある．

これは，そもそも Google の内部で長年にわたって開発・運用されてきたコン

[*13]　アプリケーション，システム，サービスの設定および運用管理を自動化すること．

テナ管理プラットフォーム "**Borg**" の知見や経験をもとにしてオープンソースで開発されたツールであり，Linux などの OS がホスト上のプロセスや入出力を管理するかのように，複数の計算クラスタ上のコンテナや入出力を管理するものととらえることができる．つまり，機能や全体像に対する見通しを付けるうえでは，Kubernetes はデータセンタを管理するデータセンタ OS であるととらえるとよいだろう．

2.5.3 Kubernetes アーキテクチャの大きな特徴

Kubernetes の典型的なアーキテクチャはコントロールプレーンおよびデータプレーンで構成される（**図 2.15**）．ここで，実際に動作するコンテナの最小構成単位を**ポッド**（pod）といい，ポッドとの通信を抽象化するエンドポイント（API）として提供されるものを**サービス**（service）という．またコントロールプレーンからポッドやサービスにいたるまでのすべてのオブジェクトの動作や振る舞いを決定・定義するファイルを**マニフェスト**（manifest）という．

このうち，コントロールプレーンでは，クラスタ全体の動作を司る役割を担っており，外部とのエンドポイントになる kube–apiserver，現在の状態を監視してあるべき状態にするためにコントローラを管理する kube–controller–manager，デプ

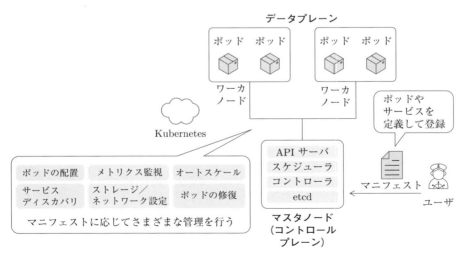

図 2.15 Kubernetes アーキテクチャの模式図

ロイの最小単位であるポッドをノードにスケジューリングする kube–scheduler，さらにクラスタの状態・オブジェクトを保存しておく永続化データストアである etcd が主要なコンポーネントである．対して，データプレーンでは，コントロールプレーン側からリクエストを受けてポッドを起動・管理するための Kubelet，ポッドと外の世界をつなげるネットワークプロキシとして各ノード上でルーティングを担当する kube–proxy が主要なコンポーネントである．

Kubernetes のアーキテクチャの大きな特徴は，すべての状態がマニフェストで宣言的に定義されており，それが自動化を支えていることである．例えば，ポッドは「レプリカ数 2 で動作していてほしい」という状態をあるべき状態として定義した場合，ポッドが何らかの原因で 1 つしか稼働していない状態をシステムが検知したら，自動的にもう 1 つを起動して 2 つが稼働している状態に戻すという操作が行われる．また，ある程度の負荷が発生したら処理を行うポッドを 1 つ増やすという定義を書いておけば，自動的にスケーリングさせることが可能である．このように，すべてのオブジェクトが宣言的な API を用いて管理されており，ノードの状態からリソースの設定，アプリケーション，ネットワーク，ストレージにいたるまで障害や負荷への対応を自動化するしくみが浸透している．つまり，Kubernetes でポッドをデプロイするとは，どのような設定でポッドを起動させるかという定義をマニフェストとして記述し，API を通じてオブジェクトを新たに生成し，そのあるべき状態にするためにスケジューラおよびコントローラを動作させるということにほかならない．

もう 1 つの大きな特徴は，**サービスディスカバリ**（service discovery）である．これは，サービスとして抽象化されたエンドポイントを Kubernetes 上のサービスオブジェクトとして登録しておき，そのサービスに対して通信するように記述することで，サービスを検索するクラスタ内のドメイン名サービス（DNS：Domain Name Service）および，それぞれのノードで物理ネットワークと仮想ネットワークとの仲介を行うプロキシを連携させ，抽象化された状態でもクラスタ内で通信できるようにするしくみである．ポッドには通信用にそれぞれ仮想 IP が割り振られているのが一般的であるが，クラスタ内でポッドどうしが通信すると状況に応じてポッドが再起動したり，別の物理ノードにスケジューリングされて仮想 IP が変わったりすることがあることに対応したものである．

2.5.4　Kubernetes を理解する必要性

Kubernetes を使いこなすことは簡単ではないうえ，進化のスピードが早く，サポートされる機能の拡張，および廃止なども日進月歩である．

一方，Kubernetes は，コンテナやマイクロサービスといったクラウドネイティブ（103 ページ参照）として実装されるアプリケーションの実行基盤のデファクトスタンダードとなっている．このため，機械学習やデータ処理パイプラインなどに特化したフレームワークの多くも Kubernetes 上での動作を前提としていたり，CI/CD（118 ページ参照）といった開発からアプリケーションのモニタリングなどの運用にいたるまで，すべてが統合的に Kubernetes 上で管理されるようになっていたりする．したがって，クラウドネイティブにおいては，Kubernetes の利用は必須である．

また，デジタルトランスフォーメーション（**DX**：Digital transformation）では，単にツールを導入してシステムをデジタル化すれば終わりではなく，そのツールや環境を開発プロセスや組織，ひいては文化を変えていく 1 つのパーツとして扱っていくことが本質的に重要である．クラウドや Kubernetes は，アプリケーション構築や運用というシステム面から DX を支えるツールである．

以上のとおり，現在のクラウドにおいて，Kubernetes は OS のような存在であり，自前でプライベートクラウド環境に Kubernetes を構築して運用するにせよ，クラウド事業者の管理した Kubernetes マネジメントサービスを利用するにせよ，Kubernetes はクラウド事業者やクラウドの利用モデルを問わず，幅広く使える標準的なしくみとなっているため，現在のシステム担当者にとって Kubernetes を理解しておく重要性は高いと考えられる．

2.6　クラウドネットワーク

2.6.1　クラウドにおけるネットワークの重要性

クラウドをクラウドたらしめる最も大事な要素技術は，おそらくネットワークであろう．インターネットにせよ，イントラネットにせよ，ネットワークがなければそもそもクラウドにアクセスすることはできないし，ネットワークを介して到達できないクラウド上のサービスはユーザからすれば存在しないのも同然である．

このため，大陸間や拠点間を結ぶ広帯域のインターネットバックボーンネットワーク，データに対するアクセスを高速化してくれる CDN（79 ページ参照），クラウド内部の物理的なネットワークと仮想化されたネットワークを中継してサービスやデータに対するアクセスを確実に届ける**ルーティングプロトコル**（routing protocol）など，ネットワーク技術はクラウドのいたるところで使われている．

また，これらのネットワークの接続性を高次元で管理するために，ソフトウェアによって定義されたネットワーク，すなわち，**ソフトウェアデファインドネットワーキング**（SDN：Software Defined Network）の技術により，クラウドにおけるネットワークの仮想化および拡張性が高いレベルで実現されている．

以下では，クラウド内部で使われているネットワーク技術について説明していく．

2.6.2　VPC

VPC（Virtual Private Cloud）とは，クラウドの中で構成されるユーザごとに論理的に分離された環境である．VPC はクラウドにおける VM などの計算環境をつなぐ土台となり，AZ やリージョン（5 ページ参照）ごと，もしくはクラウド全体に対して定義可能なユーザ専用の仮想化されたネットワーク空間である（**図2.16**）．セキュリティ上，特に設定しない限り異なる VPC 間での通信はできない．

VPC においては，基本的にクラウド事業者がルーティング（経路選択）して

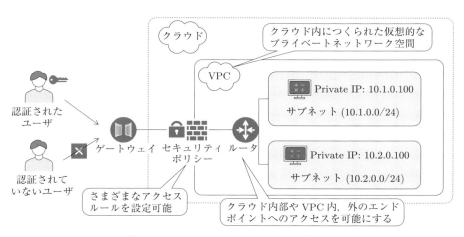

図 2.16　VPC のアーキテクチャの概略図

くれるため，ユーザはゾーンやリージョンごとに異なる**サブネット**（subnet）[*14]
を用意してプライベート IP を割り振るだけで通信が可能である．さらに，直接
VPC の中にアクセスすることはできないが，割り振られたプライベート IP アド
レスに新たにグローバル IP アドレスをつなぐことで，直接外にサービスをみせ
るような利用方法も可能である．また，サブネットを複数用意して，テスト環境
と本番環境を分けることも容易である．セキュリティも柔軟にカスタマイズが可
能であり，特定の IP アドレスからしかアクセスを受け付けない，特定のサービス
だけしか外に公開しないといった，IP アドレス単位やサブネット単位，ポート単
位やプロトコル単位，アップロード方向ないしはダウンロード方向の通信設定な
ど，細かい設定も簡単に行うことができる．

いわば，VPC はクラウドの外と内を隔てる壁の役割と，つなげるゲートウェイ
の役割を併せもった仮想ネットワークを提供するしくみである．

2.6.3　VPC と既存のネットワーク環境をつなぐ

異なる VPC 間をつなぐ場合，同一のクラウド内であれば，ほぼすべてのクラ
ウド事業者が VPC 間を結合するためのゲートウェイサービスを用意しているの
で，セキュリティルールやポリシーを見直して接続設定するだけでよい．

一方，クラウドが異なる場合は，既存のオンプレミスと同様，**VPN**（Virtual
Private Network）を拠点間に設定するのが最も手軽な方法であろう．VPN とは，
インターネット上に仮想的にセキュアな専用線を用意するための技術であり，こ
れによって物理的な制約なしにソフトウェアやゲートウェイの設定を行うことで，
つながれた 2 つの拠点が仮想的に同じネットワーク上にある状態となり，通信が
可能となる（**図 2.17**）．例えば，社内のネットワークに社外の PC からアクセス可
能にするために VPN が使われるが，同じ原理でクラウドが異なる場合でも VPC
でつなぐことが可能になる．または，異なるクラウドどうしをつなぐ専用線を用
意することでも VPC でつなぐことは可能である．この場合，一般のインターネッ
トを経由しない閉域網となるので，高いレベルで通信品質やセキュリティの要件
を満たすことが可能である（**図 2.18**）．実際，多くのクラウド事業者が，それぞれの
クラウドインフラに直接接続するためのネットワーク接続拠点である **PoP**（Points
of Presence）を用意している．ユーザのオンプレミス環境からこの PoP までを

[*14]　IP 空間の中で，利用する IP の範囲を定めたもののこと．

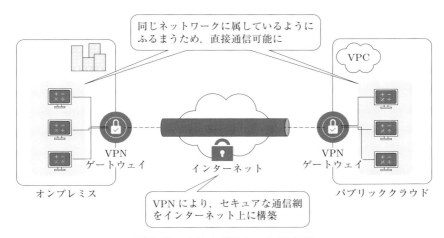

図 **2.17** クラウド間をつなぐ VPN

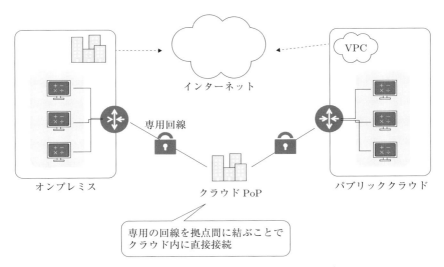

図 **2.18** クラウド間をつなぐ専用閉域網の概略図

つなぐことで，安定かつ信頼性の高い通信網を使って既存システムとの連携を行うハイブリッドクラウド環境をつくることも可能である．

2.6.4　ロードバランサと CDN

　ロードバランサと CDN は，クラウド上にデプロイされるサービスの耐故障性とスケーラビリティ（拡張性）を高めるための重要なしくみであり，クラウド上に展開されたアプリケーションを公開するときに必要となるものである．例えば，Web サーバを外部に公開してユーザに利用してもらう場合，クラウドで利用可能なこれらのサービスを使うことで，より柔軟かつスケーラブルなアプリケーションをクラウド上に構築できる．

(1)　ロードバランサ

　ロードバランサ（lood balancer）とは，複数のインスタンス[*15]へトラフィックの負荷を分散してくれるサービスである（**図 2.19**）．これを設置することで，アクセスが必要に応じて複数の AZ やリージョンに分散されるため，システム全体のスケーラビリティの向上が実現できる．負荷の分散は，クラウド上のアプリケーションのスケーラビリティを高めるために必須であり，ロードバランサはクラウドにおいて重要な役割を果たしている．

　なお，ロードバランサ自体はクラウド以外の基幹システムでも広く採用されており，多くの人にとって馴染み深い技術であろう．例えば，オンプレミスでも，あるサーバが障害でサービスを停止したときなどにすぐに予備のサーバに切り替えるしくみ（アクティブ／スタンバイ型のロードバランサ），または，複数のサーバにリクエストを均等に振り分けて負荷を分散するしくみ（ラウンドロビン型の

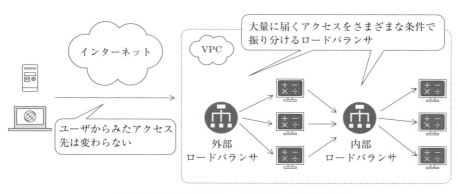

図 2.19　クラウドのロードバランサの概略図

[*15]　VM やコンテナのこと．

ロードバランサ）などで用いられている．これらのロードバランサでは，専用のハードウェアを積んだアプライアンス製品を使うことが多いと思われる．

　対して，クラウドにおいては，クラウドそのものに組み込まれたソフトウェアロードバランサを使うことが主流である．これによって，クラウドではより気軽かつ簡単にロードバランサを使うことができる．具体的には，クラウドの外側からのアクセスを取り扱ってリクエストを複数のフロントエンドに分散する役割を担う**外部ロードバランサ**（external load balancer）と，内部で動作する仮想ネットワーク内で負荷を分散する役割を担う**内部ロードバランサ**（internal load balancer）の2つが主に利用可能である．

　さらに，クラウドでは，必要に応じて L4 レイヤのロードバランサと L7 レイヤのロードバランサを使い分けることも可能である．**L4 ロードバランサ**（L4 load balancer）は，TCP/IP レイヤでの接続性を判断して負荷を分散するもので，**L7 ロードバランサ**（L7 load balancer）は，特定の URL やホスト，または，HTTP/HTTPS に応じて負荷を分散するものである．HTTP/2 や gRPC といった通信方式を用いるアプリケーションの場合，1つの TCP コネクションを使って多重化して通信するため，L4 ロードバランサではすべての通信が1つのバックエンドにしか飛ばず，スケーラビリティに問題が生じる可能性がある．そういった場合には，L7 ロードバランサを使うことで均等に負荷を分散させることができる．

(2) CDN

　CDN（Content Delivery Network，**コンテンツデリバリネットワーク**）とは，コンテンツ配信を高速化するためのしくみである（**図 2.20**）．通常はもとのサーバが提供する配信コンテンツを配信サーバでキャッシュしておくことで実現する．

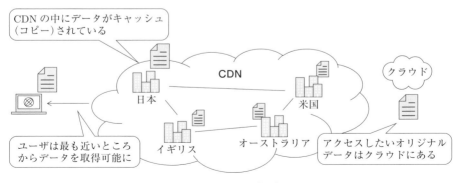

図 2.20　CDN の概略図

●COLUMN●

コラム 2.6　CDN は自前で構築できるか

　クラウドを利用する際，クラウド事業者が提供するマネージドサービスを使わない場合，自分たちで同様のマネージドシステムを構築して運用することになるが，それでは，CDN と同様のしくみを実現することは可能だろうか．

　リクエストを他のサーバやネットワークに中継および転送するためには，**リバースプロキシ**（reverse proxy）と呼ばれる技術が幅広く使われている．リバースプロキシは，Web サーバよりもフロントエンド側に位置してユーザからのアクセスを取り扱い，背後にある Web サーバの代理でレスポンスを返すことで負荷を減らしたり，SSL（Secure Socket Layer）の終端として動作して内部システムにおける復号化処理を肩代わりすることで，バックエンドシステムのオーバヘッドを減らしたり，内部的な URL やしくみを外側に直接みせないように振る舞ったりなど数多くの役割をこなすが，これを用いることで簡易的な CDN も実現可能である．

　しかし，実際には，大量に届くリクエストを取り扱うためのネットワークやサーバの設定，さらにはキャッシュすべきデータの有効期限（TTL: Time To Live）を調整したりなど，非常に多岐にわたるチューニングが必要であり，多くのユーザにとっては CDN 相当のしくみを自前で構築するよりも，クラウド上で提供されるCDN サービスを使うほうが時間的にも性能的にも優れているだろう．

　配信サーバを世界中にばらして置くことで，各ユーザは最も近い配信サーバからコンテンツの転送を受け取ることになるため，リクエストに対するレスポンスを向上させることができる．さらに，もとのサーバやインターネット全体のトラフィックを考えると，無駄に同じデータを転送する必要がなくなるため，ネットワーク全体の転送効率を上げることもできる．

　実際，動画ストリーミング配信やアプリ配信，ゲームの大規模アップデートなど，インターネット上を流れるトラフィックの過半数が CDN を経由してユーザに届けられており，CDN にひとたび障害が発生すると，多くのサービスに深刻な影響が出ることになる．そのため，複数の CDN を組み合わせて冗長化することで，より柔軟かつ効率的な配信を行う動きが進んでいる．

　CDN は従来，Akamai や CloudFlare，Fastly といった専業の事業者によって提供されていたが，近年はクラウド事業者も CDN を直接提供するようになっている．これは，クラウドそのものが専用のネットワークで世界規模で相互につな

がっているため，そもそもクラウドに CDN の下地が整っているからともいえる．また，クラウド上のオブジェクトストレージ（85 ページ参照）のデータをユーザにすばやく届けるといった観点でもクラウド事業者が CDN を直接提供するメリットは大きい．

2.6.5　データセンタネットワーク

ここでは，クラウドを支えるデータセンタで使用されているネットワーク技術についてみていく．なお，オンプレミスでサーバを構築した経験のある方や興味のある方向けにまとめているが，クラウドを使用するユーザとしてはまったく気にしなくてもよいことであり，読み飛ばしていただいても問題はない．

(1)　データセンタのネットワークトポロジの変化

データセンタの中には，多数のリソースが高効率かつ高集積に配置されている．これらのリソースを効率よく，かつ仮想化して扱うためには，さまざまなネットワーク上の工夫が必要である．

従来型のデータセンタネットワークの**ネットワークトポロジ**（network topology）*16では，上流から下流に流れるトラフィックを重視した 3 層構造のネットワーク構成を敷く傾向があった．これを **3 層型のデータセンタネットワーク**（three-tier network architecture）という（**図 2.21**）．ここで「3 層」とは，ユーザに近い最も外側のスイッチが大量のトラフィックをさばくことを想定したコア層，実際に稼働するサーバ群とコア層の間でデータを集約して配布およびスイッチングを行う集約層，ラックに搭載されたサーバ群のネットワークをまとめる ToR スイッチ（Top of Rack スイッチ）と集約レイヤのスイッチとを結合するアクセス層の 3 つである．このような構造は，上流と下流を結ぶような通信（**南北トラフィック**（north-south traffic））が支配的である場合に特に適しているが，データセンタのトラフィック処理性能を高めるためには，コア層や集約層のスイッチを更新，または追加していく必要がある．

一方，クラウドの利用が進むにつれ，VM やコンテナ間での通信，仮想ネットワークの取扱い，さらにはオブジェクトストレージなどのクラウドサービスへのアクセスなど，データセンタ内部だけで閉じたサーバ間の通信（**東西トラフィック**（east-west traffic））が増えてきた．そのため，外側よりむしろ内側のトラフィッ

---

*16　コンピュータネットワークの接続形態のこと．

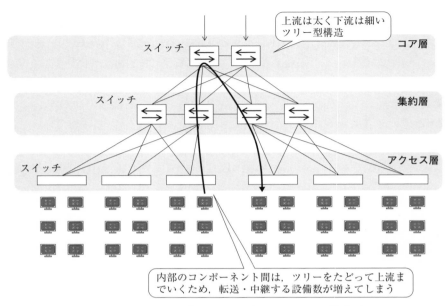

図 2.21　3 層型のデータセンタネットワークの模式図

クにかかるデータ通信の最適化を行うほうがクラウドをホストするデータセンタ
では重要になってきた．したがって，データセンタのネットワークも横方向にノー
ドやネットワーク機器を追加していくことで性能と容量を向上させていくモデル
に転換してきている．これを**スパインリーフ型のデータセンタネットワーク**（spine-
and-leaf network architecture）という（**図 2.22**）．

(2)　SDN

　SDN（Software–Defined Networking，ソフトウェアデファインドネットワー
キング）とは，ソフトウェアでネットワークを制御するための基盤技術である．
数万ノードにまたがるネットワークを設定しなければいけないクラウドにおいて
は，SDN によるネットワークの制御がますます重要になってきている．

　一方，ルータやスイッチなどのネットワーク装置は，従来，ネットワークベンダが管
理する領域であり，データ処理や制御を外側からコントロールしにくい仕様であるこ
とが一般的である．そのため，ネットワークを構成するケーブルやスイッチ，ルータ
などのデータが実際に流れる**データプレーン**（data plane）と，プロトコルなどの設
定を制御する**コントロールプレーン**（control plane）は基本的には分離不可能なもの

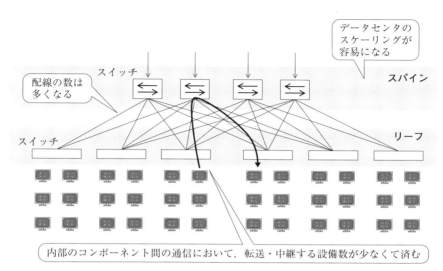

データセンタの
スケーリングが
容易になる

スイッチ

スパイン

配線の数は
多くなる

スイッチ

リーフ

内部のコンポーネント間の通信において，転送・中継する設備数が少なくて済む

図 2.22　スパインリーフ型のデータセンタネットワークの模式図

であり，新たな機器を追加するたびに，スイッチやルータの設定を見直す必要があり，
運用・管理のコストが膨大になってしまっていた．SDN はデータプレーンとコント
ロールプレーンを分離し，ルーティングやパケットの処理などをコンフィグレーショ
ン（設定）として定義してソフトウェアで中央集権的な管理を実現するためのしくみ
である．クラウドのデータセンタネットワークのみならず，前述のオンプレミス
や Kubernetes 環境の中で用いる仮想ネットワークにおいても SDN のアイデアや
思想が組み込まれている．

　さらに，仮想的なアドレスを大量に管理しなければいけないクラウドでは，ルー
ティングプロトコルもデータセンタのネットワーク構成の変化にともない変わり
つつあり，従来，インターネットの世界で幅広く使われてきた経路制御プロトコル
である **BGP**（Border Gateway Protocol）がデータセンタ内でも使われるように
なってきた．BGP はスケーラブルかつシンプルなプロトコルであるため，ネット
ワークそのものを規模に合わせてスケーリングさせていきたいデータセンタネッ
トワークとの相性がよいという側面ももつ．

(3)　データプレーンネットワークの最適化

　データプレーンネットワーク（data plane network）とは，SDN でサーバ間を
つないでデータをやり取りするネットワークのことである．データセンタのサー

バ間を結ぶネットワークでは 100 Gbps を超える帯域で結合されることもめずらしくないが，特に，仮想化された環境では最適化しないと本来の通信よりもオーバヘッドがより大きくなり，**ネットワークスループット**（network throughput）[*17]の低下などが発生する．したがって，データプレーンネットワークでデータを高速かつ低遅延に送受信するためには最適化が重要となる．

　例えば，VM を管理するハイパーバイザ側では，仮想的なネットワークカードと実際の物理的なネットワークカードとの間でのパケット処理が発生するため，オーバヘッドが自ずと大きくなるが，**SR–IOV**（Single Root I/O Virtualization）と呼ばれる手法を用いると，VM 側にホストのデバイスを直接みせることができ，通常よりも 1 枚レイヤを飛ばして結合できるため，広帯域の通信が可能となる．また，**スマート NIC**（smart NIC）と呼ばれるプロセッサや FPGA といった機能が搭載されたネットワークカードを使うと，サーバで通常行うべきパケット処理をネットワークカードのハードウェア側に肩代わり（オフロード）することができるため，サーバ側のプロセッサの負荷によらず高速な通信が可能になる．

　また，**DPDK**（Data Plane Development Kit）や **XDP**（eXpress Data Path）などの手法が，クラウドをはじめとしたネットワークの最適化手法として注目されている．DPDK は通常，**カーネル空間**（kernel space）[*18]側のネットワーキングスタックをユーザ空間側に用意して，これによってカーネル空間側の処理をバイパスしてネットワークカードと直接データをやり取りすることでオーバヘッドを減らして高速処理する技術である．XDP は，カーネル空間内で高速にネットワーク処理を行うための拡張機能であり，BPF というカーネル空間内に実装される関数を実行中にフック（追加処理）することでデータコピーのオーバヘッドを減らしたパケットフィルタリングやフォワード処理を可能にするものである．

　以上のとおり，クラウドデータセンタ内のネットワークには，SDN をベースにした柔軟なしくみと，大量のデータを処理するためのネットワーク技術が，ふんだんに盛り込まれている．

[*17]　単位時間に送受信する転送量のこと．

[*18]　OS の基本機能を担うソフトウェア（カーネル）が使用するメモリ領域のこと．

2.7 クラウドストレージ

　クラウドストレージ（cloud storage）とは，仮想化されたストレージスペースをもち，ネットワークを介してアクセス可能なデータストア（保存場所）のことをいう．サーバとストレージが物理的に接続されるストレージと異なり，場所を問わずに柔軟に拡張・利用ができることが最大の特長である．

　一方，ビックデータという用語が登場し，使われるようになってから久しいが，ビジネスおよびサービスで発生するデータの種類・サイズは増加の一途をたどっている．さらに，データをただ保存・提供するだけでなく，ビジネスに合わせて加工・分析したり，機械学習の学習データに用いたりすることで，より意味のある結果を生み出すための**データパイプライン**（data pipeline）の構築が盛んになっている．

　これらの増大するニーズに対応するため，クラウド事業者各社の提供するクラウドストレージはさまざまな用途・システムに合わせてスケーラブルに設計・構築されており，したがって，ユーザには自社のシステムのストレージに必要な性能や利用形態，その上で動かすアプリケーションで取り扱うデータの性質（構造化／非構造化）などを正確に把握しつつ，機能やコストを比較・検討しながら利用していくことが求められる．

　具体的には，クラウドストレージには以下に述べるオブジェクトストレージ，ブロックストレージ，ファイルストレージなどの種類があり，これらの違いを理解し，自社のシステムに適切なものを選択することが重要である．

2.7.1　オブジェクトストレージ

　オブジェクトストレージ（object storage）とは，階層構造をとらないフラットな空間に**オブジェクト**（object）と呼ばれる単位でデータを管理するクラウドストレージのことである（**図2.23**）．ここで，オブジェクトはそれぞれ固有の ID をもち，カスタマイズ可能なメタデータが付与されるものであり，実用上は保存するデータあるいはファイルそのものと考えてもよい．また，オブジェクトは**バケット**（bucket）と呼ばれるスペースに格納される．このバケットがユーザの作成す

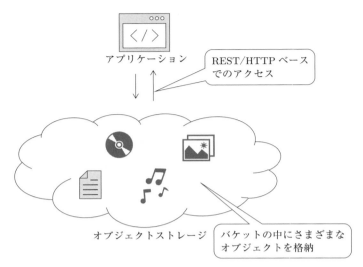

図 2.23　オブジェクトストレージの概略図

る箱となり，どのようなポリシーでデータを保存・管理するかの単位となる．

　ユーザは各オブジェクトに ID をキーとして REST API[19] を通してアクセスする．ネットワークを通じてクラウドの内外どこからでも簡単にアクセスでき，ユーザ側の環境を問わないので，すべてのユースケースにおける汎用的なデータ置き場にできることがオブジェクトストレージの大きなメリットである．

　一方，ネットワークを介してアクセスするため，大量のトランザクションを行うようなワークロードのデータの読み書きには不向きであることも多い．

2.7.2　ブロックストレージ

　ブロックストレージ（block storage）とは，ストレージをボリューム単位に分割したブロック（block）と呼ばれる単位でデータを管理するクラウドストレージのことである（**図 2.24**）．ボリュームのタイプや速度（IOPS: I/O per Second）[20]，サイズを指定してストレージを作成できるので，VM やコンテナに自由に乗せたり取り外したりすることができるのがメリットである．また，アクセス頻度やア

---

[19]　HTTP を用いて公開されているサービスにステートレス（95 ページ参照）にアクセスするための API の方式のこと．

[20]　1 秒あたりの入力／出力操作のこと．

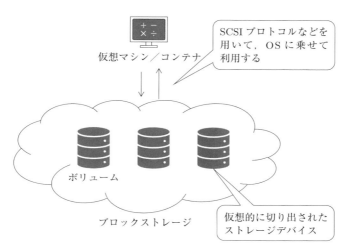

仮想マシン／コンテナ

SCSI プロトコルなどを用いて，OS に乗せて利用する

ボリューム

ブロックストレージ

仮想的に切り出されたストレージデバイス

図 2.24 ブロックストレージの概略図

プリケーションが求める要件などに応じて柔軟にスペックを決めることができるので，高速なローカルファイルシステムを使うことを前提としたシステムで有用である．

　一方，SATA や SCSI といったプロトコルでアクセスする必要があり，ファイルシステムの作成やボリュームの**マウント**（mount）[*21]といった OS の操作が必要になる．なお，接続可能な SCSI の数やディスクのサイズなどは，利用する環境によって決定される．近年では NVMe（Non-Volatile Memory express, 不揮発性メモリエクスプレス）で接続されたストレージもクラウドで利用できるようになってきている．

2.7.3 ファイルストレージ

　ファイルストレージ（file storage）とは，複数のシステムやマシンで共有するファイルをディレクトリ構造で管理するクラウドシステムのことである（**図 2.25**）．複数のフェーズや計算環境で行うようなワークロードにおいても，VM やコンテナなどの計算ノード側からは通常のファイルシステムのように使うことができるメリットがある．また，オブジェクトストレージをバッキングストレージとして使うことができるため，データの永続性という面でも利便性が高い．さらに，コン

---

*21　OS の管理対象として登録して利用可能な状態にすること．

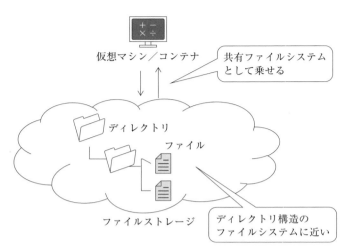

図 2.25　ファイルストレージの概略図

ピューティングとストレージのレイヤが分離しているので，スケーラビリティに対しても柔軟に対応でき，クラウドとの親和性も非常に高い．

　近年では，並列ジョブを効率よく動作させるための並列ファイルシステムであるLustre や IBM Spectrum Scale（旧称：GPFS）といった HPC（High-Performance Computing，高性能計算）分野で実績のあるファイルシステムがクラウドで利用可能となっている場合もある．

2.7.4　オンプレミスからのデータ移行

　以上，クラウド上で提供される主なストレージについて述べた．アプリケーションやシステムをオンプレミスからクラウドに移行する場合，それらが扱うデータの移行も不可欠になるが，この際，データの移行手段ならびにデータの移行先についてよく検討することが重要である．これまでと同じままで単純に移行するだけでは，クラウドを活用することにはならない可能性があるからである．

　データの移行手段については，次のような方法，またはそれらの組合せが考えられるだろう．

i) インターネット，VPN または専用線などのネットワークを経由する．
ネットワーク帯域が十分にあるときや，オンプレミスと同期をとりながら
移行を進めたいときにはこの方法がよく利用される．データの移行先にも
よるが，クラウド事業者などが提供するさまざまなデータ移行支援ツール
が利用できる可能性がある．

ii) 暗号化デバイスを利用する．
データ量によっては実際にデバイスをクラウドへ物理的に送ってクラウド
側でロードするほうが効率がよい．したがって，転送に利用できるネット
ワーク帯域が十分にない，またはデータ量が多い場合，あるいはバックアッ
プなどの日ごろあまり利用していないデータなどの場合には，この方法が
利用される．なお，使用する暗号化デバイスの品質と暗号化キーの管理を
適切に行えば，安全かつ高速に大量のデータを転送することも可能である．

また，データの移行先については，以下のような選択肢がある．

① IaaS，またはクラウド基盤上に構築したストレージシステム／データベース
② Kubernetes などを用いてクラウドに合わせて構築したストレージシステム
③ クラウド事業者が提供するマネージドストレージシステム／オブジェクト
ストレージ／データベース

ここで，オンプレミスで使っていた既存のデータベースシステムやストレージ
システムをそのまま移行するパターンが①にあたるが，なるべくなら避けたほう
が望ましい．データは保存すること自体が目的ではなく，それを活用すること
が目的であることが大半であるため，クラウドに移行後のアーキテクチャや利用す
るサービス，その上で実行するワークロードとの統合的な連携を考慮して，②あ
るいは③とすることが重要である．

一方，データベースやデータウェアハウスの分野で提供されるサービスやミド
ルウェアは非常に多く，適切なものを選択することは容易ではないが，ポイント
は十分に使いやすく，かつ性能面でも遜色のないサービスやシステムを選ぶこと
である．

第 3 章

クラウドにおけるアプリケーションの開発と運用

　ここではクラウドにおけるアプリケーションの開発と運用について，述べていく．

　本書ではこれまで，さまざまな視点より，既存のインフラストラクチャとクラウドインフラストラクチャの違いを比較することで，クラウドインフラストラクチャの優位性について述べてきた．既存システムのクラウドへの移行，あるいは，クラウドの一部導入は不可避であることがおわかりいただけたかと思う．

　一方，既存のインフラストラクチャをクラウドに移行する，あるいは，既存のインフラストラクチャにクラウドを導入することで，アプリケーションのあり方や開発のしかたには少なからず変化が生じる．したがって，この変化を理解し，積極的に対応していくことで，クラウドに適合したアプリケーションが構築できる．

3.1 クラウドにおけるアプリケーション開発

　従来（オンプレミス）のアプリケーション開発の流れを**図 3.1** に示す．従来は，開発担当が業務要件や性能要件にもとづきサーバ等のハードウェア（インフラストラクチャ）を選定し，そして，その上で動作するアプリケーション開発・構築を行い，さらに構築されたシステム（インフラストラクチャおよびアプリケーション）の運用業務等は開発担当が作成した手順にもとづき運用・監視担当が実施する，といったように担当ごとに業務を分担している．つまり，開発担当は，運用・監視担当と運用業務等を実施可能な手順を調整・作成するために，また運用・監視担当は，手順化されていない故障等の不測の事態への対応を開発担当に問い合わせるなどのために，それぞれが綿密に連携することがシステムの安定運用・品質にとって不可欠であった．特に，インフラストラクチャ部分について，新しく調達する場合には制約はなく自由に構成・運用を設計することはできる反面，調達に長いリードタイムがかかることやリソースの増減，特に減設が難しいという点に注意が必要である．

　対して，クラウドを活用したアプリケーション開発の流れを**図 3.2** に示す．クラウドではシステムはインフラストラクチャとアプリケーションに分離され，開発担当はインフラストラクチャ部分については既存サービスの仕様に合わせたア

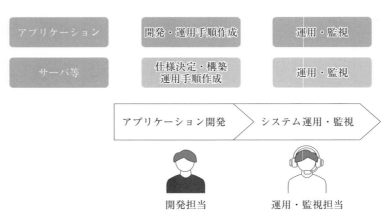

図 3.1 従来型のアプリケーション開発の流れ

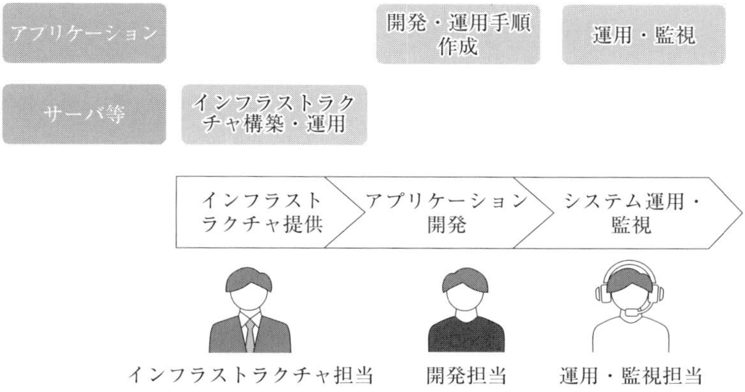

図 3.2 クラウドを活用したアプリケーション開発の流れ

プリケーションの設計を行うことになり，運用・監視担当はインフラストラクチャ運用をサービスプロバイダ等に任せ，サービスプロバイダ等から提示されるインフラストラクチャの運用情報にもとづきアプリケーションの運用・監視を実施することになる．インフラストラクチャ部分について，サービスプロバイダ等により異なるが，一般的にはリードタイムが短くなり，リソースの増減が容易となる．一方，インフラストラクチャとアプリケーションが分離されたため，オンプレミスのときのように何でも自由にできるわけではなく，定型化されたサービス提供条件のもと利用することになること，トラブル等が起きた際にインフラストラクチャとアプリケーションのどちらに問題があるかを切り分けることが難しくなる可能性があることに注意が必要である．また，運用・監視担当はインフラストラクチャ側から提供される情報とアプリケーションの運用・監視状況から何が起こっているのかを正しく分析することが必要になってくるであろう．

　つまり，ときにはクラウド化が最適ではないアプリケーションもあるため，アプリケーションやシステムに求められる要件を精査し，適材適所で選定することが必須となる．このためには，インフラストラクチャを提供するサービスプロバイダ等がどのようなサービスをどのような条件で提供しているか，アプリケーションやシステムにおいて，どのような要件で動作・運用が実施される必要があるかなどを正しく理解することが不可欠である．

3.2　クラウドアーキテクチャの選択

3.2.1　クラウドシステムの選択にあたって

　第2章で述べたとおり，パブリッククラウドとプライベートクラウドでは利用形態が異なる．また，IaaS，PaaS，SaaS など，さまざまなサービスモデルがある．これらの違いを理解して，自社の目的や利用条件によって適材適所で選択しなければ，クラウドの利点を十分に活かせないばかりか，逆に欠点がクローズアップされてしまうことすらありうる．一般にパブリッククラウドを使えばシステム管理費のコストダウンになるといわれているが，実際に移行してみると逆に高かったため，オンプレミスに戻す判断をしたという組織も少なくない．パブリッククラウドのサーバをオンプレミスにあるサーバと同様にとらえ，フルスペックで常時，利用可能な設定にしてしまうと「必要なときに必要なだけのサーバが利用でき，不必要なときには返却できるのでコストダウンできる」というパブリッククラウドの利点を活かせない．

　以下では，各種のクラウドシステムの利点を最大限に活用するうえでの基本的な考え方について述べていく．一方，利点ばかりではなく，欠点を受容できるかということも分析し，判断することは重要である．したがって，代表的なユースケースをもとに，クラウドシステムを選択する方法についても具体的に述べていく．

3.2.2　新たに開発する

　新たにアプリケーションを開発する場合には，そのアプリケーションに求められる要件と選択するクラウドシステムの親和性のみを考慮するだけでよい．すなわち，単純に開発するアプリケーションで採用するアーキテクチャおよび要件にしたがってクラウドシステムを選択すればよい．一方，そのアーキテクチャおよび要件によっては，パブリッククラウドはそもそも不向きということもありうる．

　以下，アプリケーションに求められる代表的な要件について具体的に述べる．

(1)　開発するシステムのアーキテクチャの確認

　クラウドが普及する以前に多く採用されていた密結合・ステートフル・スケー

ルアップ型 [*1] のアーキテクチャでは，インフラストラクチャ側の安定性などの性能が前提であることが多かった．一方，クラウドでは可用性（4 ページ参照）を担保するために，インフラストラクチャ側だけによらず，複数の VM やコンテナを使った機能の冗長化等が求められる．したがって，クラウド上のアプリケーションには疎結合・ステートレス・スケールアウト型のアーキテクチャを採用することが望ましい．

また，パブリッククラウドで開発するのであれば，使用するパブリッククラウドの付加機能（例えば，マネージドサービスなど）を最大限活用することが望ましい．したがって，あらかじめ各クラウド事業者の提供しているパブリッククラウドの付加機能の分析が重要となる．一方，これらの付加機能を利用する以上，ロックイン（20 ページ参照）のリスクを受容しなければならない．クラウドサービス自体が終了する可能性はかなり小さいとしても，ある付加機能がある日，突然，提供されなくなるリスクは十分考えられる．さらに，自社の事情で，使用するクラウドサービスを変更せざるをえなくなる可能性もある．

対して，オンプレミス型プライベートクラウドで開発するのであれば，ロックインによるリスクは少なくなる [*2]．ただし，開発するシステムのための機能を必要に応じて自前で開発する必要があり，さらに物理サーバのソフトウェアアップデートや故障対応等のメンテナンス，高負荷な他システムへの影響軽減のためのロードバランシングなどにおいて，きめ細やかな対応が求められる．

以上のことをまとめると，新たにアプリケーションを開発する場合は，疎結合・ステートレス・スケールアウト型のアーキテクチャを採用したほうがよいだろう．

[*1] アプリケーションを構成するモジュールを，メッセージキューのようなしくみで容易に切り替えることができるつくりを**疎結合**（loosely coupled）という．その逆を**密結合**（tightly coupled）という．

　また，ステート（状態）をもっていない場合を**ステートレス**（stateless）という．その逆を**ステートフル**（stateful）という．

　さらに，同じ機能をもったサーバを複数利用して負荷分散するなど，同一の機能を複数並べて性能を高める方法を**スケールアウト**（scale out）という．対して，サーバのスペック（CPU など）を高めて性能を高める方法を**スケールアップ**（scale up）という．スケールアップはコストをつぎ込めば可能であるが，スケールアウトはサーバ上で動くアプリケーションのステートを考慮しないと実現できない．つまり，ステートレスなら比較的簡単にスケールアウトできる．

[*2] フレームワークやミドルウェアなど，クラウドインフラストラクチャ以外のレイヤでのロックインのリスクはいずれにせよ残る．

そして，パブリックかプライベートか，またはハイブリッドかを，開発にかかる
コストやマネージドサービスの利用の有無，データ保存場所などの要件を加味し
て選択していくことになる．

(2)　リソースの変動要因の確認

　クラウドでは，さまざまなリソースを不特定多数のユーザどうしが共有するこ
とでリソースのコストダウンを実現している．したがって，必要なときに必要な
分だけのリソースを確保して，不要になったときにはすぐに返却することが利用
のコツである．1.4節でも述べたとおり，リソースのコストには，サーバやスト
レージ，ネットワークスイッチといった直接的な機器のコストだけではなく，建
物や土地の取得・賃貸にかかる費用，電気料，空調にかかる費用，システム保守
費，さらには保守のための人件費などのコストも含まれるので，適切にパブリッ
ククラウドを利用することで，かなり大きなコストダウンを実現できる可能性が
高い．

　以下，アプリケーションの種類別にリソースの変動要因をみてみる．

〔社内 IT システム向けのアプリケーション等〕

① **勤務時間帯**

　　社内システムでは，勤務時間帯にリソースの利用が集中する．したがっ
て，平日の勤務時間帯以外でリソースを大幅に返却すれば大きなコストダ
ウンが実現できる．

　　逆に，それが難しいのであれば，コストダウンを期待してパブリックク
ラウドを選択するべきでない．ただし，パブリッククラウドで提供される
付加機能により，アプリケーション開発のコストダウンが期待できるので
あれば，ランニングコストとのトレードオフにより，この場合も適切な選
択となることがある．

② **定期的なバッチ処理**

　　月末処理や決算処理などにおける定期的なバッチ処理も，実施される時
期が明確であるので，その時期だけリソースを増やし，処理が完了後，速
やかに返却することで大きなコストダウンにつなげることができる．

③ **一時的なニーズ**

　　社員教育のための e—learning 等，一時的に大量のリソースが必要となる
ことはあるだろう．オンプレミスでは，このようなケースにも備えて日ご

ろほとんど利用されないかもしれないリソースを確保しているが，パブリッククラウドであれば，その必要はない．

また，精査してみると，多少先送りしても問題のない処理も多い．リソースを増やすバッチ処理の時期にそれらも合わせて一気に処理することにすれば，確保したリソースをより有効に活用することができる．

〔Web アプリケーション等〕

④ **新機種発売等による一時的かつ急激なアクセスの集中**

Web アプリケーションでは，取り扱う製品やサービスの特性によってかなり多くのアクセスが短期間に集中することがある．しかし，クラウドの**オートスケール機能**（autoscale function）[*3]でアクセス量に応じて自動的にリソース量を増減すれば，急激なアクセス増加に対応でき，かつ，機会損失を防ぐことが可能となる．

ただし，リソースを増やせば即応して処理が実行されるわけではないことに注意が必要である．また，アクセス量の低下に応じて不要なリソースをなるべく早く返却することが無駄なコストを排除するために重要である．

⑤ **SNS 等のインフルエンサの情報による一時的かつ急激なアクセスの集中**

1つ上の④とほぼ同じだが，こちらは事前の予想が困難であるため，アクセス量をよくモニタリングし，増やすのは早めに，返却も余裕をもって行う工夫が必要になる．

なお，オンプレミス型プライベートクラウドでも対応できるが，リソースの増減幅がパブリッククラウドに比べて狭くなる．

(3) 扱うデータの確認

一方，パブリッククラウドを使う際には，「そこで，どのようなデータを扱うか」という点に注意が必要である．

特に，個人情報を含むデータに対しては，さまざまなルールや法規制があり，基本的に保管場所の入退室も含めたアクセス制御を実施する必要がある．しかし，パブリッククラウドの場合，データセンタの所在地がわからないことが多い．

さらに，サーバのメモリ上のデータまで含めてもち出し不可の規定がされているデータの場合は，システム全体として所在地が特定されなければならない．つ

[*3] リソースが不足してきたら自動的にスケールアウト（サーバの増設）し，リソースが余ってきたらスケールイン（サーバの減設）するといったことを，自動的に実施する機能のこと．

まり，データセンタの所在地のみではなく，メモリ上，もしくは一時的にストレージに保存しつつ処理するサーバの所在地まで特定されなければならない．この場合，パブリッククラウドの使用は現実的に困難であろう．かわって，データの保存場所だけが限定される場合，Web サーバ＋データベースサーバで構成されるアプリケーションであれば，Web サーバにパブリッククラウドを利用し，データベースサーバはオンプレミス，もしくはプライベートクラウドに配置するといったハイブリッドクラウドで対応することができる．

第2章で述べているとおり，**ハイブリッドクラウド**とは，パブリッククラウドとプライベートクラウドを適材適所で組み合わせて利用する方法である．一方，これには，それぞれの間をつなぐネットワークの構成や遅延対策など，ユーザ側で考慮しなければならない事項が多い（5.1.2 項参照）．

なお，関連する法規制の詳細は第6章で解説しているが，法的にクラウドの運用や設計を誤って大規模な被害が発生した事例もある．システム担当者としては法規制に関する最低限の知識をもちつつ，必要に応じて専門家に確認することが重要である．

3.2.3　既存のアプリケーションをオンプレミスからクラウドに移行する

(1)　既存のアプリケーションをそのままクラウドに乗せかえる場合

従来のアプリケーションを変更する場合，運用者等は顧客や社内の他部署からのクレームや質問の対応に追われることになる．従来からの変更が多ければ多いほど，当然，これらのクレームや質問は多くなるから，なるべくなら既存のアプリケーションをそのままクラウドに乗せかえる方針でいきたいところであるが，基本的に，この方法ではうまくいかないことを強く認識するべきである．CPU のアーキテクチャ，デバイスなど，ハードウェアの違いによる問題が発生する可能性があるうえ，アプリケーションの動作検証を網羅的に実施することが困難であるからである．

さらに，サーバの堅牢性を前提としているアプリケーションの場合，そのままパブリッククラウドに移行すると運用上の問題が発生する可能性がある．基本的にオンプレミスでは簡単にダウンする事態を想定してシステム設計しないが，パブリッククラウドでは，むしろいつダウンしても問題が起きないように，常に同一機能を受けもつサーバを複数配置するという設計思想をもつべきである．ただし，

プライベートクラウドであれば，堅牢性をある程度担保することは可能である．

(2)　クラウドに合わせてアプリケーションを更改する場合

クラウドに合わせてアプリケーションを更改するのであれば，基本的には，前述の新しいアプリケーションを開発する場合と同じ対応になる．

なお，アプリケーションの種類によっては，クラウドに対応したアーキテクチャをとることが難しい場合がある．この際には，オンプレミスのままとすることも有力な選択肢であるだろう．すべてを無理やりパブリッククラウドに移行することより，アプリケーションの特性や優先度に応じて柔軟な対応をとるほうが望ましい．

3.3　アプリケーションの移行方法

3.3.1　リフトアンドシフトとモダナイゼーション

次に，実際にアプリケーションをクラウドに移行するためのアプローチについて，典型的なケースをもとに述べていく．

リフトアンドシフト（lift and shift）とは，既存のオンプレミスのインフラストラクチャ環境を IaaS に構築する**リフト**（lift）と，クラウドネイティブ（103 ページ参照）なアプリケーションに変えていく**シフト**（shift）の2つのフェーズで，クラウド移行を段階的に進めていくことを指す用語である．

すなわち，クラウドにアプリケーションを移行する方法には，従来のアプリケーションのままリフトだけを行ってクラウドに移行する方法と，リフトした後で少しずつシフトして，よりクラウドに適合したアプリケーションに変更していく方法の2つがある．アプリケーションの寿命を少しだけ伸ばしたいという場合なら，リフトだけを行ってなるべく従来のままで運用していくほうが効率的であろう．対して，徐々にアーキテクチャを刷新してクラウドに適合したアプリケーションにつくり変えていきたい場合，つまり，既存のアーキテクチャの一部を切り出してマイクロサービス化（111 ページ参照）したり，クラウドで提供されるマネージドデータベースサービスに置き換えたりしたい場合には，シフトも行う必要がある．このリフトアンドシフトによって，既存のシステムと新しいシステムを共存させつつ，徐々にアーキテクチャを刷新していくというアプローチが，クラウ

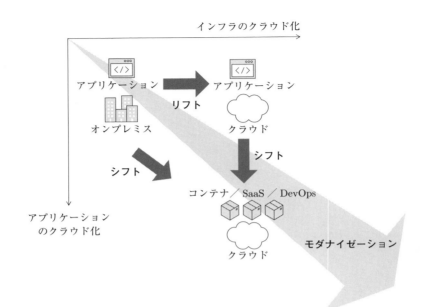

図3.3　リフトアンドシフトとモダナイゼーションの概略図

ドにアプリケーションやインフラストラクチャを移行する多くの場合において非常に有用である.

　一方，シフトまでを行う場合，リフトとシフトという2つの異なるミッションをクリアしなければ移行できないので，余計なコストが生じる要因となる. したがって，対象となるアプリケーションの寿命や移行タスクの全体像などを見据えて，リフトだけにするか，あるいは一時的なコスト増を許容してシフトまで行うかを選択することになる.

　また，**モダナイゼーション**（modernization）とは，既存のアプリケーションの実行基盤やアーキテクチャ，そしてコードも含めて，従来のアプリケーションをクラウドに適した形につくり変えていくことをいう. 前述のリフトアンドシフトに内包される概念であるが，モダナイゼーションのほうが，アーキテクチャをクラウドに適合したものに抜本的につくり変えていくという意味合いがより強い（**図3.4**）.

　これを行う理由は「クラウドで提供されるさまざまな機能をフルに活用して，システム全体のコストを削減したい」「アプリケーションのリリースやテストのス

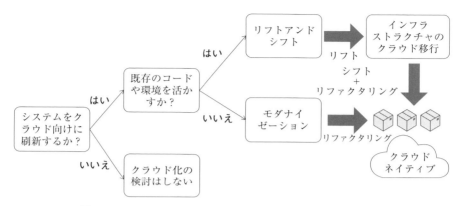

図 3.4 リフトアンドシフトとモダナイゼーションの概略図

ピードを高めたい」「障害に強いしくみをつくりたい」などさまざま考えられるが，いずれの場合でも，最終目標を「実現したいビジネスやサービスの価値を最大化する」とすることが大切である．また，これには，既存のアーキテクチャ等の抜本的な見直しから始まり，クラウドで提供されるさまざまなツールの導入を含めた新たなアーキテクチャの策定，および，その後の継続的な試行錯誤までを見据えた長期的な作業が必要となる．

　モダナイゼーションの本質はクラウドのツールや型に既存のアプリケーションやシステムを当てはめることではなく，アプリケーションやシステムそのものを環境の変化に強いものへとつくり変えていくことであるということを理解していただきたい．

3.3.2　アプリケーション移行の要否を判断する

　アプリケーションをクラウドに移行する前に，はたしてそのアプリケーションをクラウドに移行する必要が本当にあるのか，妥当であるのかを判断しなくてはならない．例えば，自社のアプリケーションのコンポーネントすべてをスクラッチ（0から）で開発している組織はほとんど皆無であろうから，オンプレミスからクラウドへ移行する際には，それらのコンポーネントがクラウドに移行後も引き続き使えるかどうかの検証も必要となる．移行にともなう追加業務は決して少ないとはいえないので，必要になる変更や作業の全体像およびリスクをあらかじめ理解し，自分たちの許容可能な範囲に収める計画を策定することが重要である．

　ここで，アプリケーションといっても，社内のデータ分析用やバッチ処理用から，顧客に向けた Web サイトやそのバックエンドに実装されている商品検索システム，レコメンデーションシステム，および，それらのシステムに必要なデータベースまで多種多様であることに注意してほしい．クラウドに移行する際の基本原則は，「クラウドに移行すること自体が目的ではなく，クラウドに移行することによってよりよいサービスを提供することが真の目的」である．必要なところに必要な投資をしていくために，従来のアプリケーションやインフラストラクチャを捨てて新たにつくるのか，既存のままで使い続けるのか，あるいは，段階的かつ部分的に移行するのかという判断を個々のアプリケーションごとに適切に行っていくことが重要である．場合によっては，あるアプリケーションはクラウドに移行せずに EOL（End Of Life）までオンプレミスで運用するという選択肢も残されているのである．

3.3.3　移行のステップ

　自社のアプリケーションをクラウドに移行し，モダナイゼーションによってよりクラウドに適合したものへとつくり変えるときの大まかなステップを以下に示す．

① コンテナ化
② ビルドやデプロイのプロセスの整備
③ テスト環境やインフラストラクチャ構築の自動化（コード化）
④ モノリシックなアプリケーションからマイクロサービスへの変更
⑤ プログラミング言語や API，マネージドサービスの選定
⑥ アプリケーション全体の信頼性の向上（自動回復）
⑦ パフォーマンスの計測と運用のフィードバックサイクルの構築

　こののほかにも，アプリケーションにとどまらないシステム全体のライフサイクルを考えていくとステップはさらに多くなる．

　一方，クラウドへの移行によって実現したいサービスや機能，それらに求められる信頼性のレベルなどがあいまいなまま移行のステップを進めてしまうと，途中で必要ではない機能や技術にとらわれてしまい，移行前と比べてコストパフォーマンスの悪いアプリケーションやシステムとなってしまいかねない．例えば，マ

イクロサービス化や Kubernetes の採用はあくまで目的を達成するための手段の1つでしかないのに，マイクロサービス化や Kubernetes の採用ありきでデザインしてしまうことが往々にしてある．むしろ，それによって新たな問題に直面することもある．新しい機能や技術には確かに優れたものが多いが，従来のアーキテクチャをよく分析して，必要性および長期的な保守という観点も踏まえて，慎重に選択することが望まれる．

　忘れてはならないのは，自社の提供するサービスに必要なロジック，データ，リソースなどについて最もよく知っているのは，そのサービスを実現しているアプリケーションの開発・運用担当者自身であることである．したがって，アプリケーションの開発・運用担当者には，アプリケーションをクラウドへ移行するにあたって，移行によって何がどう変わるのか，従来どおりのサービスが問題なく提供可能であるのか，あるいは同等かそれ以上の代替のサービスが提供可能であるのか，コストやトラブルの増大が生じないのかなどをよく精査する責任がある．また，環境の変化に応じて，アプリケーションのデザインも運用も変わり続けなければならないことに注意する責任もある．

3.4 クラウドネイティブ

3.4.1 クラウドネイティブとは

　クラウドネイティブ（cloud native）とは，クラウドで用意されているクラウド独自のツールや手法，アーキテクチャならびに概念によって，クラウドに最適化されたスケーラブルなアプリケーションやシステムのことをいうが，より正確には，CNCF（Cloud Native Computing Foundation）によって以下のように定義されている [*4]．

> 　クラウドネイティブ技術とは，パブリッククラウド，プライベートクラウド，ハイブリッドクラウドなどの環境において，スケーラブルなアプリケーションを構築，実行するためのものであり，コンテナ，サービスメッシュ，マイクロサービス，イミュータブルインフラストラクチャ，宣言型 API といった手法によるものである．

[*4] https://github.com/cncf/toc/blob/main/DEFINITION.md

これによって，回復性，管理力，可観測性をもつ疎結合システムが実現でき，堅牢な自動化手法と組み合わせることで，最小限の労力で，頻繁にかつ予測どおりに各組織に大きなインパクトをもたらす変更を実現できるようになる．

Cloud Native Computing Foundation は，中立な立場から，誰もがオープンソースによってクラウドネイティブ技術を利用できるようにしたいと考えている．

クラウドを活用することで多くの作業が自動化される．さらに，多種多様なクラウドサービスと連携・協調して拡張性の高い，柔軟なアプリケーションやインフラストラクチャが実現できる．この点では，オンプレミスと比べてクラウドのほうが圧倒的に優位性が高い．クラウドネイティブは，このようなクラウドの優位性に注目した用語であり，クラウドユーザにおいて広く合言葉として認識されているものである．また，クラウドネイティブ技術はクラウド上のアプリケーションやシステムにかかわる開発者・運用者・利用者の誰もがその恩恵を受けられる技術であり，アプリケーションやインフラストラクチャのみならず，組織そのものをクラウドネイティブな特長を有するように変えていくものでなければならない．

しかし，コンテナ，サービスメッシュ，マイクロサービスといった個々のクラウドネイティブ技術がクラウドネイティブの本質ではない．確かにこれらの技術を用いれば，システム間を緩やかに結合（疎結合）して，変化や障害に強く，かつ堅牢なものにすることが可能だが，これらがクラウドネイティブなアプリケーションやシステムの前提ではない．つまり，アプリケーションをコンテナではなく VM で管理しても，クラウドで提供されるマネージドサービスを利用したとしても，マイクロサービスではなくモノリシックなアーキテクチャで構築しても，それらの選択が最も合理的かつ目的に合っているアプローチであり，クラウドとして管理・運用できるのであればクラウドネイティブといってよい．

3.4.2　クラウドネイティブトレイルマップ

このような背景も踏まえて，前述の CNCF が**クラウドネイティブトレイルマップ**（cloud native trail map）を公開し，アプリケーションやシステムをクラウドネイティブにしていく際に必要となる手法の全体像を提示している[*5]．

図 3.5 は，クラウドネイティブにいたる道筋の一例を示したものである．これ

---

*5　https://github.com/cncf/trailmap/blob/master/CNCF_TrailMap_latest.pdf

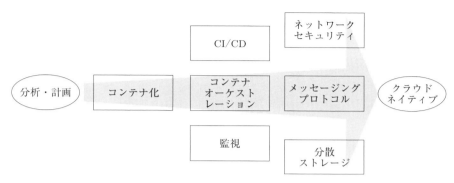

図 3.5 クラウドネイティブに向けたステップの一例

によってコンテナ，CI/CD（118ページ参照），オーケストレーション，監視（可観測性），メッセージングプロトコル，ストレージなど，クラウドネイティブを目指すうえで押さえておくべきポイントを俯瞰的に把握できる．しかし，これらをすべてカバーしなければクラウドネイティブでないわけではないし，自前ですべてを実装せずに，クラウド事業者の提供するマネージドサービスで代用してもよい．むしろクラウドネイティブは自社のシステムに対するアーキテクチャや考え方，ひいては自社の組織までにも変革を迫るものであるため，着実に一歩一歩，適用できるところから始めるくらいの心もちで十分である．「小さく始めて，最小限の労力で頻繁な変更を行う」という考え方がクラウドネイティブを目指すうえでの基本となる．

以下に続く節では，クラウドネイティブトレイルマップに記述されている技術やツールに触れ，クラウドネイティブに必要な考え方，ならびに具体的にどう適用するかについての理解を深めていく．

3.4.3　クラウドネイティブを目指す対象や範囲の明確化

クラウドネイティブの意義を理解し，そのステップを理解しても，いざ巨大かつ複雑なアプリケーションやインフラストラクチャを前にすると，誰でも，何から手をつけてよいかわからなくなるものである．したがって，まずはアプリケーションとサービス間の依存関係をできるだけ緩やかに結合するように分離（**疎結合**）して，独立かつスケーラブルなアーキテクチャに変更することから始めたい

が，システムやデータ，**ビジネスロジック**（business logic）[*6]と実行されるアプリケーションのコードが密に連携されている場合（**密結合**），必要な部分だけを切り出して分解するだけでも容易ではない．

どうしてよいかわからなくなったら，「いま自社のアプリケーションやインフラストラクチャが抱えている問題は何か」「なぜクラウドネイティブにしたいのか」「その結果，何を達成できるのか」という視点で，移行する対象や範囲を明らかにすることが解決のヒントになる．現実に直面している課題とその理由，そして作業の目的を明確に定義することができれば，自ずと必要な作業とコストを見積もることができるだろう．そして，「小さく始めて，最小限の労力で頻繁な変更を行う」という考え方で，小さく切り出せる範囲やコアになる範囲を定義して，検証するためのサイクル（PoC: Proof of Concept）を回すとよい．

3.5　クラウドに合わせてアプリケーションをデザインする

アプリケーションをクラウドに移行するにあたって次にやるべきことは，クラウドに合わせて自社のアプリケーションやインフラストラクチャをデザインし直すことである．この方法には，大まかに以下の3つの方法がある[*7]．

① アプリケーションの小規模な改修で対応する．
② コアロジックを切り出して，段階的に移行を進める．
③ 新規アプリケーションとして，デザインと構築を同時に進める．

(1)　アプリケーションの小規模な改修で対応する

そもそも外部に対する依存が少ない小規模のモノリシックなアプリケーション（31ページ参照）であれば，比較的容易に小規模な改修のみでクラウドに合わせ

[*6] 実装したいアプリケーションのコアとなるサービスそのものを指し，データや UI（User Interface，ユーザインタフェース）に関係しない機能や全体像，および処理の流れを意味する．

[*7] 実際には，コードだけではなく，データのコピーやアクセス API の変更，スキーマの見直しやデータベースの分割など，アプリケーション側から扱うデータの扱い方に関しても合わせて検討する必要がある．

ることができる．このようなアプリケーションでは，すでにコンテナ化されていたり，あるいは，コンテナ化しやすいパッケージとなっていたり，または，すでに何らかのフレームワークに乗って実装されていたりなど，あらかじめクラウド向きの設計となっていることが多い．したがって，少しの変更で最低限の動作をする状態にすることが可能で，まずはじめに移行に取り組む対象としても最適である．

ただし，この方法を用いると，オートスケール機能などのクラウドと連携してはじめて実現する機能をフルで利用できなくなる可能性がある．

(2) コアロジックを切り出して，段階的に移行を進める

コアとなるロジックを切り出して，段階的に移行を進めることができれば，クラウドネイティブを意識したつくりに自社のアプリケーションを変えていくことができる．さらには，この過程で既存のコードへの理解も深まる．

ただし，コアロジックを切り出すには，ビジネスロジックなどのドメインの知識をもとに，真にスケーリングさせたい部分を切り出したり，一部のサービスをクラウドで提供されるマネージドサービスに置き換えたりすることも検討する必要があるだろう．

(3) 新規アプリケーションとして，デザインと構築を同時に進める

新規アプリケーションとして，デザインと構築を同時に進めるなら，まったく制約を受けずにクラウドネイティブなアプリケーションやインフラストラクチャを自由につくれる反面，使用する技術の選定と全体のデザインを一から行わなければならないので，クラウドを利用するうえでの考え方の変革を含め，クラウドに対する知識を深める必要があるだろう．

以下では，主に上記の（2）や（3）を適用するケースにおいて，どのような考え方をもってアプリケーションをデザインし直すかについて述べたい．

3.5.1 ストラングラーパターン

ストラングラーパターン（strangler pattern）とは，モノリシックなアプリケーションからクラウドネイティブなアプリケーションへの段階的な移行を進めていく指針や方針についてまとめたもので，すべてのアプリケーションに適応できるとは限らないが，既存のシステムを残しつつ，クラウドサービスへの切替えを順

次行っていく場合に有用である.

　図 3.6 は，モノリシックなアプリケーションからクラウドネイティブ化されたアプリケーションに変換されていく様子を表している．右側の状態にいたるまでに，データおよびロジックの分割を段階的に行うためにストラングラーパターンが必要になる．**図 3.7** に，ストラングラーパターンでもともとのロジックと置き換えたロジックが共存している状態を模式的に示す．切り出すことが可能なロジックおよびデータが定義できたら，それらのロジックを API で呼び出せる形にしてアプリケーションを構築する．そして，もとの共有データベースから切り出されたスキーマに対するビューまたはコピーとしてデータを用意し，もとのアプリケー

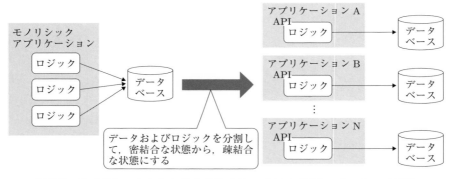

図 3.6　モノリシックからクラウドネイティブなアプリケーションへの変換

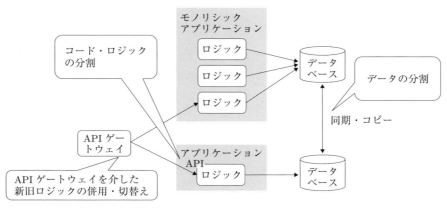

図 3.7　ストラングラーパターンで変更されたアプリケーションの一例

ションと共存可能なように，**API ゲートウェイ**（API gateway）と呼ばれる呼出元や転送先を自由に切り替えたりすることができるしくみを用意する．こうすることで，何かエラーが起こった場合でも，柔軟にもとのロジックを呼び出せるようにしておいて，移行を進めていくことができる．

3.5.2 クラウドネイティブに向けたリファクタリングデザイン

リファクタリング（refactoring）とは，コンピュータプログラミングにおいて，プログラムの外部からみた動作を変えずにソースコードの内部構造を整理することである．抜本的に既存のアプリケーションをつくり変えていく場合には，リファクタリングを行ってアーキテクチャを再デザインすることになる．以下に，クラウドネイティブに向けたリファクタリングデザインの要点を整理する．

(1) 1 サービス 1 アプリケーションを目指して整理する

リファクタリングを行うためには，まずアプリケーションが取り扱う個々のサービスの役割を明確にし，なるべく 1 サービス 1 アプリケーションとなるようシンプルなアーキテクチャに整理する．一般に，アプリケーションは長く使用されていく中で，さまざまなロールやサービスが追加されていってしまいがちで，時が経つほど不必要に複雑で理解しがたいものになってしまうことが多い．しかし，さまざまなことを 1 つのアプリケーション，1 つのコード内で行っていると，全体像の把握が難しくなるだけでなく，単純な変更でも影響が大きくなり，テスト時間の増加につながる．ビルドする時間も増加し，変更–テスト–デプロイといったライフサイクル全体のスピード感が大きく損なわれる．

シンプルにすることで，個々のコードを正しく理解でき，余計な依存をなくすことによる複雑性の排除につながる．これによって，テスト時間の軽減やバグの入り込む余地の減少ができ，コード変更からデプロイまでを迅速に実行することが可能となる．

もちろん，細かくすればするほどよいというほど単純なものではないが，個々のコードにさまざまな役割を追加しすぎていないかに常に気を配り，全体の見通しを保っておくことが重要である．

(2)　ドメインを理解したチームによってモデル化する

ドメイン（domain）[*8]に対する知識がないと，適切な機能の抽出や提供すべきインタフェース，不要な部分の把握が難しいので，リファクタリングを行うためにはドメインに対する知識をもつチームの存在が不可欠である．そのようなチームによってこそ，実装すべきロジック，全体の構造，提供したいサービス，解決したい問題が明らかになり，適切にモデル化してコードに落とし込むことが可能になる．

とはいえ，最初から完璧に抽象化されたモデルを構築することは難しいので，フィードバックと変更のサイクルで，モデルの改善を継続的に行えるようにしていくことになる．

(3)　サービスを API 化してネットワークで連携させる

クラウドでは，さまざまな API を連携させることで，1 つのアプリケーションを構成するシステムが通常である．したがって，リファクタリングの際には個々のサービスを API 化してネットワークで連携することになる．連携の方法はさまざまであるが，インタフェースが定まっていないと，片方の API の変更時にもう一方の API の変更も必要になる．逆に，インタフェースを定めておけば，それぞれ独立したコンポーネントとして開発が可能である．

(4)　エラーが起こることを前提にする

サービスを API 化してネットワークで連携させる以上，ネットワークが不通となり，ある API を呼び出せなくなるリスクは完全には避けられない．しかし，API が呼び出せないことと，ユーザがサービスを利用できなくなることはイコールではない．つまり，そのようなときでもサービスを停止させないようにリファクタリングしておくことが重要である．

そもそもクラウドでは，クラウド事業者とユーザの間で結ばれる SLA（Service Level Agreement，サービス品質保証）の範囲を超えている部分は保証されていない．したがって，エラーが起こらないことよりも，エラーが起こっても，その影響がほかにおよばないようにしておくこと，さらに，エラーが即座に把握できて自動的に回復できるような構成にしておくことが重要である．

[*8]　実装したいシステムをモデル化するために必要な概念や，その領域のこと．業界知識 ≈ ドメイン知識．

(5) 既存の概念やベストプラクティスから脱却する

設定やロジックとなるコードの組立て，データベースデザインなどのアーキテクチャがクラウドとオンプレミスとでは根本的に異なるため，これまでの経験やデザインにもとづいた既存の概念やベストプラクティスが時として邪魔をすることがある．

例えば，Web アプリケーションをオンプレミスで構築する場合，フレームワークやサーバを想定してコードを用意するが，サーバレスで構築する場合，ロジックを組み合わせてフローとして表現することになる．また，アプリケーションやフレームワークの挙動を変更するときには，オンプレミスであれば SSH でログインしてスクリプトを動かして新たな設定を適用するといった手順を踏むが，クラウドではコードとして定義してコードレポジトリに反映させるという手順になる．

つまり，クラウドへの移行にあたりリファクタリングを行う際には，クラウドネイティブを意識して，従来の概念から脱却し，新たなベストプラクティスを構築し，適用していくことが必要になる場合もある．そして，このベストプラクティスを状況に応じてアップデートしていく姿勢が大事であろう．

3.6 マイクロサービスアーキテクチャ

3.6.1 マイクロサービスとは

マイクロサービス（microservices）とは，複数の小さなアプリケーションを組み合わせて，大きな統合されたアプリケーションを構築するためのアーキテクチャのことである（**図3.8**）．つまり，さまざまなビジネスロジックをモデル化して小さなアプリケーションに分割して，それらの境界を API やインタフェースとして定義し，相互にデータをやり取りさせることで，1 つの統合されたアプリケーションとして動作させるわけである．API やデータが変わらない限り，個々の小さなアプリケーションはそれぞれ独立してデプロイ可能であり，さらに必要に応じて小さなアプリケーションを追加してスケーラビリティ（拡張性）を向上させることもできる．また，個々の小さなアプリケーションのドメインを定義することで開発責任範囲が明確になり，それぞれ独立に開発できるようになり，リリースサイクルを高速化できる．

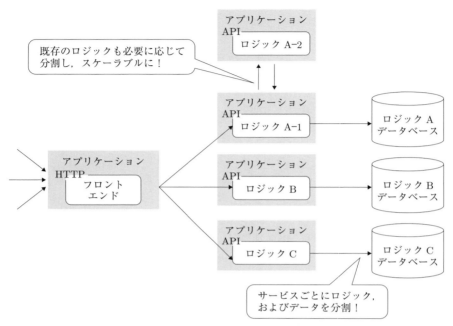

図 3.8 マイクロサービスな Web アプリケーションの模式図

対して，アプリケーションやサービスを構成するすべての機能が1つのプロセスの中に含まれていることを**モノリシック**（monolithic）であるという．したがって，マイクロサービスはモノリシックなアプリケーションと対比して理解されることが多い．例えば，**図 3.9** のようなすべての機能やロジックが単一のアプリケーションの中で定義されており，単一のデータベースをもつモノリシックなアプリケーションの問題点の1つは，どこか1つのロジックに軽微な変更を加えるだけで，巨大なアプリケーション全体に対してテストやビルドが必要になることであるが，マイクロサービスであれば変更を加える小さなアプリケーションに限定して，テストやビルドを行うだけでよい．

また，頻繁に必要になるデータとそうでないデータが一緒になっていると，アプリケーションのスケーラビリティを向上させるうえでの障害となる．データベースをマイクロサービス化すれば，この問題も解決することができる．

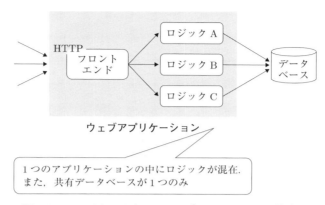

図 3.9 モノリシックな Web アプリケーションの模式図

3.6.2 マイクロサービス以外を考慮するケース

　一方，元来，マイクロサービスは Web サービスをクラウド上で構築するためのアーキテクチャとして発達してきたものであり，すべてのアプリケーションにおいて最適なアーキテクチャではない．以下にマイクロサービス以外を検討したほうがよいケースの例をあげる．

(1)　スケールアウトや頻繁な更新・変更を必要としないアプリケーション

　アプリケーションそのもののスケールアウトや頻繁な更新・変更が求められないアプリケーションでは，マイクロサービス化するメリットは相対的に乏しい．モノリシックのままつくり込み，クラウドで提供されるサービスを一部使ったり，単純にコンテナ化するだけでもクラウドネイティブとして十分であることも多いので，無理にリファクタリングする必要はない可能性がある．

(2)　新たなボトルネックとなってしまうアプリケーション

　マイクロサービスとして多数のアプリケーションやサービスと連携する場合，その中での処理が重いアプリケーションがあるとマイクロサービス全体のパフォーマンスに影響が出てしまう．また，スケールアウト可能なマイクロサービス[*9] であればその影響は小さくできるが，本質的な解決とはなりにくい．

　この場合，より粒度の細かいタスクとして，マイクロサービスを分割する，あるいは外部のフレームワークやクラウドのマネージドサービスを活用するという

---

*9　例えば，データをそのマイクロサービスの中で名寄せ（join，ジョイン）するような処理など．

方法で，マイクロサービスにこだわらないデザインも検討すべきだろう．

3.6.3　マイクロサービスの実装

　マイクロサービスを実装するには，データのやり取りの方法（**スキーマ**（schema）），サービス間の通信方法（**プロトコル**（protocol）），そして，実装方法（プログラミング言語とフレームワーク）を決めていくことになるだろう．

(1)　スキーマの定義

　まず，小さなアプリケーションどうしが通信を行うための API とスキーマを定義する．これがマイクロサービス化において最も重要である．このような，API 仕様の決定からデータフォーマットの定義，そしてドキュメントの整備にいたるまでを柔軟かつ迅速に行えるようにするためのツールとして，OpenAPI と gRPC がある．

①　OpenAPI

　　OpenAPI は，複数のアプリケーションを連携させるのに適した API（RESTful な API）を定義・記述するためのフォーマットである．これによって，どういう名前で API を切り出すか，どのようなパラメータを含めることができるか，パラメータの型は文字列なのか数値なのか，何を結果として返すか，エラーのコードやメッセージはどのようなものをレスポンスとして返すかといった仕様を記述することができ，言語に依存しない形でスキーマを定義できるので，複数の開発チーム間で相互に仕様の確認がしやすくなる．

　　また，OpenAPI は，仕様から実装の雛形となるコード（スケルトンコード）を任意の言語に向けて生成したり，API の仕様をドキュメントとして出力することも可能であるため，HTTP を使った RESTful な Web API を提供するサービスをつくるときのデファクトスタンダードとして利用されている．

②　Protocol Buffers

　　Protocol Buffers とは，サービス間のデータフォーマットや各サービスを定義するための**インタフェース記述言語**（IDL：Interface Definition Language）であり，gRPC と呼ばれる**リモートプロシージャコール**（RPC：Remote Procedure Call）を使って別のプロセスのメソッドの呼出しを行うのに適

したAPI（**RPC API**）を実装するサービスを構築する際に使われるもので
ある．こちらでもサーバとクライアント間でやり取りするデータスキーマ
が言語に依存しない形で定義できるので，複数の開発チーム間で相互に仕
様の確認がしやすくなる．

また，Protocol Buffersによって，さまざまな言語でgRPCを用いたサー
ビスを実装するためのコード（代用品となるスタブコード）を自動生成す
ることが可能である．さらに，通信データをより小さなバイナリデータと
することができ，効率的な通信が可能になる．

③ 両者の違いと使い分け

上記のとおり，OpenAPIもgRPCもAPIを定義・記述するためのもの
であり，多くの部分が共通している．一方，クライアント側の振る舞いが
大きく異なる．OpenAPIでは，クライアント側でHTTPのAPIをどう
呼び出すかを実行時にコントロールできるのに対し，gRPCではあらかじ
め決まった振る舞いとなるようコンパイルしてから実行される．そのため，
外部にHTTPとして公開する目的のAPIはOpenAPIで設計し，内部シ
ステムの通信や事前にコンパイルされたアプリケーションどうしの通信な
ど，閉じた通信が目的のAPIはgRPCとして設計するのがよいだろう．

また，OpenAPIではHTTPの仕様にマッピングされ，リクエストベー
スでの通信となるのに対して，gRPCではより複雑な通信パターン，例え
ば双方向のストリーム通信やサーバ側からの通信を柔軟に実装できる点も
大きな違いである．

(2) アプリケーション間の通信方法の決定

アプリケーション間で通信を行う方法には，大きく分けて同期的な通信と非同
期的な通信の2つがある．ただし，同期的な通信では，呼出し元と呼出し側の両方
のエンドポイントが直接通信し合うことになるため，どちらか一方のアプリケー
ションが動いていないときに通信が成立しない．対して，非同期的な通信なら，
メッセージを中継するブローカを介して相互にデータをやり取りするため，通信
相手の状態を意識せずとも確実に通信を成立させることができる．これは，メッ
セージを送信する側を**パブリッシャ**（publisher）（「Pub」と略される），受信す
る側を**サブスクライバ**（subscriber）（「Sub」と略される）と呼ぶため，**Pub/Sub
通信**（Pub/Sub communication）ともいう（**図 3.10**）．同期的な通信は上記の

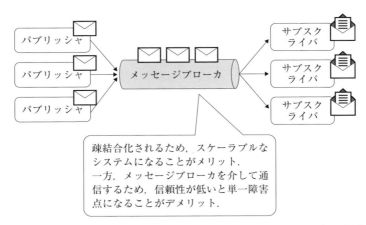

図 3.10　メッセージングブローカサービスを介した Pub/Sub 通信の模式図

OpenAPI や gRPC を用いて直接可能であるのに対して，非同期的な通信はクラウド事業者の提供する**メッセージブローカサービス**（message broker service）を通じて行うことになる．

　マイクロサービスのアプリケーション間の通信においては，通信の即応性やスケールの規模，メッセージの順序保証など Pub/Sub 通信にもクラウド事業者のサービスによっては考慮すべき点はあるが，クラウド事業者の提供するメッセージブローカサービスの信頼性は非常に高く，可用性とスケーラビリティを容易に確保することができるので，基本的には Pub/Sub 通信を利用するほうがよいだろう．

(3)　言語やランタイムの検討

　スキーマと通信方法が決まれば，次に使用する言語やランタイム（プログラム実行環境）を検討する．しかし，すでに API のインタフェースを介したやり取りが可能な状態なので，個々のサービスごと，チームごとに，どのような言語，どのようなランタイムを利用しても基本的に問題はない．

　したがって，ライブラリやフレームワークの充実度，解決したい問題のタイプ，実装する場所，さらには通信パターンとの親和性などを考慮して，個々のアプリケーションで選択すればよい．例えばフロントエンドやモバイルアプリケーションの実装であれば JavaScript や Dart/Flutter, React Native といった言語やフレームワーク，機械学習のワークロードであれば Python に用意されたライブラリや

フレームワーク，マイクロサービスの実装には Golang といったように，適材適所で選択していく．言語やランタイムは主流のものが日進月歩変わっていくものであるので，柔軟に対応することが望ましい．

3.7 **DevOps と CI/CD**

3.7.1　**DevOps** とは

DevOps（Development and Operations）とは，"develop（開発）" と "operations（運用）" を組み合わせた用語である．日本語にそのまま訳せば単に「開発と運用」という意味だけであるが，これらをより効果的かつ協調的に進めることで，価値を生み出すための方針，ベストプラクティス，ツール，ひいてはそれらを動かす文化をつくっていくことを示唆している（**図 3.11**）．

したがって，DevOps の実現には，アプリケーションのライフサイクル全体を

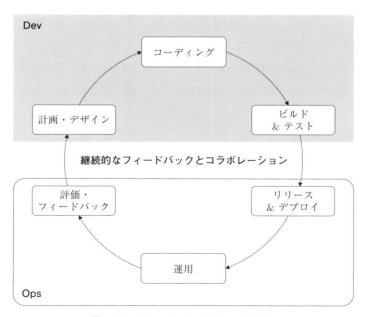

図 3.11　DevOps サイクルの模式図

通して，開発チームと運用チームの両者が共同して作業を行っていく必要があり，そのために従来以上に効率化や自動化を達成するためのツールを積極的に使っていく考え方が重要になる．すなわち，DevOps で最も大事なことは，開発と運用のライフサイクル全体に対して適切なフィードバックを行って，柔軟かつ迅速に対応が可能な変化に強い組織づくりを行うことである．

あくまで DevOps は開発者がビジネス上の価値をすばやく生産的に生み出すための方法論であり，その主体はアプリケーション開発やインフラストラクチャ構築に携わる「人」である．

3.7.2　CI/CD

(1)　CI/CD とは

CI/CD（Continuous Integration/Continuous Delivery，継続的インテグレーション・継続的デリバリ）とは，アプリケーション開発のライフサイクルにおけるさまざまなステップを自動化して，ビルドしたアプリケーションを迅速かつ高頻度にリリースレディ（公開待ち）な状態にすること，もしくは，実際にリリースするまでを指す．これに積極的に取り組み，コードの変更およびレポジトリへの反映，ビルド，テスト，そして本番環境へのデプロイにいたるまでのパイプラインを構築して自動化することで，多くのタスクにおいて人による手作業を減らせることが期待できる．一般に現在では，この CI/CD を通したビルドやテスト，デプロイの自動化は，開発スピードの向上やアプリケーションの品質を保つために必須と位置付けられている．

CI/CD のモチベーションは，変更したコードや，新規に追加したコードを細かくマージ（統合）し，テストし，日に何度もビルドしておくことで，バグや競合が発生する頻度を下げ，ソフトウェアの品質を安定させることである．したがって，もし，何もないまっさらな状態から開発を始めて環境を整備しなければいけない状況に置かれているのであれば，CI/CD は真っ先に用意すべきしくみであろう．仮にまだテストコードが用意できていないとしても，CI/CD のパイプラインはつくっておいたほうがよい．アプリケーションのテストコードの追加や，実行する環境の整備などは，後からでも順次追加していくことができる．むしろ，コードがビルドされたとき，そして，レジストリにアプリケーションイメージが保存されたときに，きちんとデプロイ可能な状態をつくっておくほうが重要なのである．

　特に，クラウドでは，ビルドやテストの実行そのものがコンテナで行われるため，環境の再現性の確保が容易である．また，リリースの用途（本番用やテスト用）でタグ付けされたアプリケーションイメージが保存できるので，不具合が発生したときにロールバックしやすく，環境間での移行も容易である．つまり，いったん CI/CD でビルドとデプロイに関するパイプラインのすべてを自動化しておけば，コードレポジトリに変更を反映すると自動的に検知され，テストが行われ，問題があれば即座にエラーが通知（フィードバック）され，問題がなければ自動的にビルドが行われてイメージが構築されてデプロイ可能な状態にしてくれるわけである．

　これによって，変更があるたびに発生していた煩雑な作業がなくなるだけでなく，コードとシステムの再現性を担保しつつ，継続的かつ一貫性とスピード感をもった開発サイクルが構築可能になる．

(2)　CI/CD の流れ

　図 3.12 は CI/CD の典型的な流れを示している．新たなコードがプッシュされた後，そのイベントをキーとして，CI（継続的インテグレーション）システムが変更されたコードを自動的に取得し，アプリケーションをビルドする．その後，テストコードを走らせて問題がなければ，テストがパスしたことをコードレポジトリに通知してマージ可能な状態にする．また，同時にイメージ化を行い，イメージレジストリに適切なメタ情報（日付やバージョンなど）を付けて保存する（デリバリする）．クラウドの場合，この一連のパイプラインでビルドやテストがコンテナ環境で行われるので，再現性と一貫性のある状態が保たれることが大きなメリットである．また，コードリポジトリとの連携によって，コード変更の確認や問題に対するフィードバックが自動的かつシームレスに行えることもメリットである．

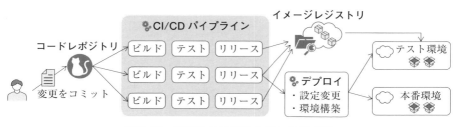

図 3.12　CI/CD の典型的な流れの模式図

　イメージが作成された後は，目的に応じて複数の環境にデプロイする．ここで，イメージ名の変更やアプリケーションの**カナリーテスト**（canary test）[*10]などを行うための種々の設定変更が必要になるが，これらも CI/CD パイプラインの中で管理すれば，設定の変更やロールバック（後退復帰）が一貫性をもって実現できる．さらに，必要に応じてテストする環境を一からクラウド上に作成しておけば，デプロイ時に問題が発生したら，すぐにデプロイ前の状態に戻ることが可能になる．

　以上のとおり，適切な CI/CD パイプラインを構築して，一連の動作を継続的かつ自動的に進行させつつ，必要なときに，必要な場所のステータスに即座にフィードバックできるシステムをつくることがクラウドネイティブなアプリケーションをつくるうえでの基本的な方針，ベストプラクティス，ツール，ひいてはそれらを動かす文化の 1 つである．

　さらに，クラウドネイティブな別のアプリケーションと相互に連携して機能を補完していくことで，以下のように大きな価値を生み出すベースとすることができる．

① **コンテナ化による一貫性と再現性の向上**

　　前述のとおり，ビルドされる単位および環境をコンテナ化することで，一貫した環境で再現性のあるビルドやテストが実行できるようになる．

　　これは VM 環境でも可能ではあるが，コンテナ化されることでより迅速に実行可能となる．さらに，ローカル環境，ビルド環境，テスト環境，本番環境などといった複数の実行環境をまたがることも容易となる．

② **マイクロサービス単位での継続的なリリース**

　　マイクロサービス化されていれば，たびたびコードを変更してもビルドやテストにかかる時間が少なくて済むメリットは，より大きくなる．マイクロサービス化の効果がより大きくなり，デプロイにいたるまでの時間が圧倒的に早くなるからである．

　　これによって，変更に対する抵抗やストレスも小さくなり，より果敢かつスピーディーに市場の変化に対応していくことも可能になるであろう．

---

*10　新たなアプリケーションを一部のユーザに提供して，アプリケーションの安定性／安全性を検証すること．バグなどがあった場合に影響がおよぶ範囲を最小化するのに役立つ．

③　サービスメッシュを用いた柔軟なデプロイ

さらに，後述するサービスメッシュ（128 ページ参照）を使うことで，デプロイ時により柔軟な設定を行うことができるようになる．

例えば新たにデプロイしたいアプリケーションと古いアプリケーションを共存させたい，または，両方を並べて少しずつ検証しながら移行を行いたいといった場合，リリースタグやイメージ，事前に設定されたルールに応じて，トラフィックをサービスメッシュで振り分けることが可能であるが，これを CI/CD パイプラインの中で管理すれば，性能や影響を測定してその結果をタイムリーにフィードバックすることができる．さらには，効果が不十分であればいったんロールバックして，次のコード変更のアイデアにつなげるといった好循環も期待できる．

3.7.3　インフラストラクチャの開発・管理の自動化

アプリケーションの開発・管理をなるべく自動化し，自動回復機能を設けることがクラウドネイティブの肝であり，DevOps と CI/CD はそのための手段である．同様の観点で，インフラストラクチャの開発・管理もなるべく自動化し，自動回復機能を設けることが重要であり，これを実現するのが IaC である．

IaC（Infrastructure as a Code）とは，インフラストラクチャを自動で構築するために，設定や構成をコード化して管理することをいう．宣言的に書かれたコードは人間にとっても機械にとっても理解しやすいフォーマットであるし，再現性のある形で構築できるから環境を一からつくり直すことも容易になる．これによって，本番環境以外のテスト環境をそのつど作成し，テストが終わり次第，削除するといった運用も簡単になり，クラウドのコスト的なメリットも享受しやすくなる．

また，IaC によってコードとして管理することで，インフラストラクチャに対してもアプリケーションでの CI/CD と同様に，コードリポジトリへの変更を起点とした一連のサイクルの構築が可能となる．こうすることで，修正や変更が管理しやすくなることは大きなメリットとなる．例えば，クラウドではリソースの作成や削除はすべて API によって行われるが，ネットワークの設定，インスタンスの設定，ストレージ構成など，必要な要件が複雑かつ多岐にわたるため，1 つひとつ手作業で行うことは困難に近い．かわって構成管理ツールに任せることになるが，これも IaC の 1 つである．

なお，**構成管理ツール**（configulation management tool）としては Terraform，Ansible などがある．これらでひとたびコード化されれば，ハイブリッドクラウドやマルチクラウドといった環境でも一貫したポリシーでインフラストラクチャの構築が可能である．

3.7.4 オペレータパターン

一方，DevOps と CI/CD を進めようとしても，アプリケーションやミドルウェアのデプロイにおいて，さまざまな個々の設定や相互の依存関係がからみ合っていてなかなか思ったようにいかないのが一般的である．つまり，DevOps と CI/CD にもとづいてなるべく自動化し，自動回復機能を設けたいと思っても，順番やタイミングなどにおいてアプリケーションやミドルウェアごとに個別の固有のノウハウがあり，それらにしたがわないと正しく設定することすら困難である．

このために1つひとつ手作業で行ったり場当たり的に単純なスクリプトを記述したりしているわけだが，その結果，手作業による設定ミスが発生したり，自動化できないがためにメンテナンスの手間が増えたりしている．抜本的な解決を図ろうとして，全体のコード化を考えるのは自然な流れであろう．

オペレータパターン（operator pattern）は，運用における知見をコード化して，アプリケーション管理を自動化するためのベストプラクティス，あるいはツールのことをいい，特に Kubernetes を前提としたシステムでよく用いられる用語である（**図 3.13**）．ここで，**オペレータ**（operator）は，コード化された「あるべき姿」となるよう，コントローラが設定や変更を自動的に行えるようなしくみを提供するものである．もちろん，これには個別のアプリケーション固有のドメイン知識や設定項目が必要になるため，それらの設定やカスタムリソースは宣言的

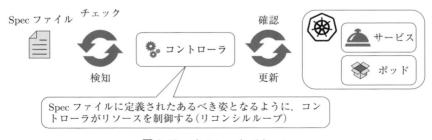

図 3.13 オペレータパターン

にユーザが定義するが，その後は形式化されたフォーマットでのリソースの制御と運用になり，自動化することができる．例えば，テスト環境や本番環境に新たなイメージを使ってデプロイしたい場合，その環境を表現するリソースとして定義されたファイルをアップデートすると，オペレータがその変更を検知して，自動的にデプロイするようなワークフローをつくることもできる．

　一方，運用や管理をコード化して振る舞いを定義するには，長く開発・運用に携わった人でしかもちえないような，個別のアプリケーションに対する深く・広い知識が必要である．さらに，そのアプリケーションが提供するサービスに関する理解も求められるであろう．一例をあげると，多数のリクエストがきたらリソースを追加するというオートスケーリングの機能をオペレータの中で定義する場合，それでは，どの程度のリクエストがきたときに，どのくらいの規模のリソースを追加すればよいかについて，どうやって決めればよいだろうか．実際にコード化するには，このような従来であれば長く開発・運用に携わった人がもち合わせている指標や直感のようなものを文章化してコードに落とし込んでいく作業が必要になるわけである．

　AIOps（Artificial Intelligence for IT Operations）とは，正確さと速さを兼ね備えた運用を達成するため，運用や管理に AI を取り込んでいくことをいう．現在の AI は，大量のデータを記憶することができ，それにもとづいて，ルールやパターンを学習することができる．このような AI を活用することで，これまで文書化されていなかったノウハウを文書化して，コード化できることが期待される．上記の例でいえば，いままでの膨大な履歴をもとに，適切なリクエストとリソースの関係について AI によってモデル化できる可能性がある．また，AI はいったんできたモデルを運用をしながら，さらに学習をし続けていくことも可能であるので，もし振る舞いが変わってモデルから導き出される予測と実測にギャップが生じてきたとしても，継続的にモデルを更新して最適なオートスケーリングを行えるようにしていくことができる．いわば，AIOps は，DevOps と同様，モデルの作成とそれにもとづく運用の実施，その効果の測定と結果のフィードバックという一連のサイクルをアプリケーションの運用に導入することで，より信頼度の高い頑強なアプリケーション管理を実現するしくみといえる．

3.7.5 管理と運用の自動化に向けて

ここでは，DevOps，CI/CD，IaC，オペレータパターン，AIOps といった，アプリケーションやインフラストラクチャを継続的かつ自動的に運用・管理するアプローチについて紹介した．クラウドネイティブにおいては，リソースのすべてがコード化され，アプリケーション，インフラストラクチャの自動化とフィードバックによる改善のサイクルを実現することが目指されていることをご理解いただけたかと思う．

一方，このためには，アプリケーションやインフラストラクチャの状態を適切に把握しておく必要がある．したがって，次節で述べる観測データを管理して自動化の枠組みの中での判断基準をつくっていく監視システムが，ますます重要となってきている．

3.8 クラウドにおける監視

3.8.1 可観測性

可観測性（observability）とは，アプリケーションやシステム，サービスの現在の状態に関する情報（異常が発生したときのアラートの通知，ログ，メトリクス，トレース）を原因分析のために集約する機能やツールの良し悪しを表現する用語である．クラウドではマイクロサービスのような形でアプリケーションが分散化されており，かつ，複雑化しているため，障害や性能低下といった問題が発生したときの対処がオンプレミス以上に難しい．したがって，可観測性はクラウドにおけるアプリケーションやシステムが備えておくべき重要な機能の 1 つである．

また，クラウドの監視システムに求められる要求は，単なるエラーや障害を検知して通知するだけではなく，障害対応の自動化やオペレーションの改善までにおよぶ．例えば，エラーが発生したら自動的に再起動したり，日ごろから品質レベルを計測したりすることもクラウドの監視システムの役割である．個々のクラウドシステムの将来性（より優れた異常検知のルール生成や予測モデルの構築，サービス品質の向上などの可能性）は，可観測性の高さに表れるといってもよいだろう．

3.8.2 可観測であるべきデータ

それでは，主に可観測性の対象となる可観測（観測可能）であるべきデータとはいったいどのようなものであろうか．クラウドシステムで理想的な運用・管理を行うという視点で以下にまとめる．

(1) メトリクス

メトリクス（metrics）とは，統計的に扱いやすい形に加工された定量的な値のデータをいう．最も基本的なデータであり，正規化されており，統計的な処理がしやすいことが特長である．したがって，値自体をそのまま利用することもできるし，任意の形に変形して利用することもできる．例えば，CPUやメモリの利用率などのデータがこれにあたる．このような数値データはアプリケーションやインフラストラクチャのあらゆるところから入手できるし，また，数値であるがゆえに，汎用性が高い（**図 3.14**）．

一方，どのようなものをどのような場面で用いるかがメトリクスの活用においては重要である．データベースアプリケーションであれば，テーブルのサイズや平均クエリ処理数などが役に立つだろう．また，Webアプリケーションであれば，エラーとなったリクエストの数，処理したリクエストの総数などが役に立つだろう．これらを一定の間隔，例えば1分ごとに取得することで，時間的性質を備えたキーバリューとして扱い，より高度なモデル化を行ってさまざまな判断の材料とすることもできる．

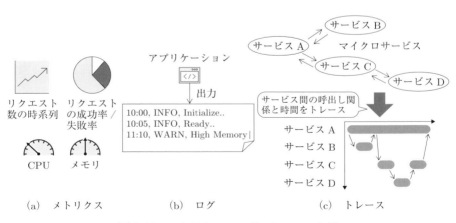

図 3.14　メトリクス，ログ，トレースの例

　クラウドでは，Prometheus というメトリクスのモニタリングシステムに注目が集まっている．これによって，異なるフォーマットのデータでも柔軟に扱うことができる．また，メトリクスを可視化するツールとしては Grafana をはじめとしたオープンソースツールやクラウド事業者およびサードパーティーが提供するマネージドサービスも使われている．

(2)　ロ　グ

　ログ（log）とは，アプリケーションやインフラストラクチャが自動的に生成するデータのことをいう．アプリケーションやインフラストラクチャの内部のさまざまな状態がテキスト（あるいは，人間がみなくてもよいのであればバイナリデータ）として出力されたものであり，例えば，記録した時間（タイムスタンプ）とログレベル（log level）*11，そのときのテキストメッセージなどがこれにあたる．

　一方，これらの種類や内容は，クラウドやアプリケーションが事前に設定しているものである．したがって，エラーが発生してアプリケーションが落ちた場合に，どこのスレッドでエラーが発生したのか，そのとき他のどのようなスレッドが動いていたのか，メモリ上のデータは何であったのかなどの詳細な状態が得られるかどうかは，クラウド事業者またはアプリケーションの事前の設定次第といえる．

　また，ログはメトリクスだけではわからない挙動を解析するのに役立つが，数値ではなく正規化できない分，データ量が大きくなる傾向がある．さらに，人間にとって理解しやすいフォーマットが，機械にとっても理解しやすいフォーマットであるとは限らない．ログの分析を行う前には，JSON 形式などに整形し直したり，インデックス（索引）を付けて検索しやすくしたりなど，何らかの加工が必要になることが多い．

　なお，オンプレミスにおいて一般的な，ログをファイルに書き込むという操作はファイルシステムの存在を前提としており，クラウドには適さないことに注意してほしい．もちろん，ファイルに書き込んでログを取り回すことも可能ではあるが，永続化するためのしくみを別途自分で用意する必要がある可能性もあるからである．かわって，コンテナやサーバレスを組み合わせるアプリケーションでは，標準出力やエラー出力にログを吐き出すように設定し，コンテナやサーバレスを管理するシステム側で自動的にログとして管理してもらうようなアプローチ

---

*11　エラーなのか，デバッグ用なのか，定常メッセージなのかといった重要度のこと．

も検討するとよいだろう．クラウドで提供されるサービスを利用することで，オブジェクトストレージと連携でき，直接クエリがかけられるようになるなど，ログは格段に取り回しやすくなる．

ログのモニタリングシステムとしては，クラウドにおいても，オープンソースで開発されている ELK（Elastlic Search, Logstash, Kibana）スタックと呼ばれるものが使われているほか，最近はマネージドサービスを含めて，クラウドに特化したツールやサービスが増えている．

(3) トレース

トレース（trace）とは，どういう流れでどのコンポーネントを利用したかを端から端まで追跡するためのデータをいう．特にクラウドでは，リクエスト単位で，個々のリクエストが渡り歩いていくサービスすべてを追跡していき，どのサービスでどのくらいの時間で処理が行われたかを付加情報（痕跡）として足し合わて記録する**分散トレーシング**（distributed tracing）と呼ばれる技術が使われるようになってきている．

分散トレーシングは，複数のサービス（マイクロサービス）をまたがるリクエストや処理を横断的に追跡するので，性能のボトルネックになってしまっていたり，リクエストが集中してしまっていたりするサービスを見つけ出すために有用である．一方，トレースを取得するためには，当然ながらアプリケーションの仕様変更が必要であるが，**オープントレーシング**（OpenTracing）と呼ばれる標準化された分散トレーシングのための仕様が普及しており，これにもとづいた **OpenTracing API** を用いてトレースを有効にするコードを追記するのが一般的である．

また，トレースのモニタリングシステムとしては，Jaeger や Kiali などのオープンソースツールや個々のクラウド事業者が提供するマネージドサービスがある．

(4) パフォーマンスモニタリング

クラウド上のシステムやアプリケーションから生成されるメトリクスやログ，トレースは膨大かつ広範におよぶ．したがって，これらがそれぞれに出力するメトリクス，ログ，トレースを常時監視して，必要に応じて随時，統合的かつ横断的に分析し，運用時の問題判別や性能調査を人が手作業で行う場合，非常に時間と手間のかかる作業となるだろう．

APM（Application Performance Monitoring，**アプリケーションパフォーマンスモニタリング**）は，このような分散している対象をリアルタイムに監視，分析・洞察を行って運用の最適化を図るためのものであり，クラウド事業者が提供する

マネージドサービスやオープンソースツール，商用製品として利用可能である．

3.8.3　サービスメッシュ

(1)　サービスメッシュとは

　サービスメッシュ（service mesh）とは，ひと言でいえば，サービスとサービスをつなげるファブリック（網目）のことであり，サービス間通信の可観測性を高めるためにつくられた巨大なプロキシ（中継）システムのことである．マイクロサービスによるアーキテクチャが成長し，巨大な分散システムになっていったときに必要となる機能や，起こりうる問題に対応するためのものであり，いいかえれば，クラウドネイティブなアプリケーションの構築におけるデザインパターン（汎用的な設計パターン）である．

　これによって，コアとなるコードと通信などにかかわるその他のコードを分離し，コアロジックからネットワークにかかわる複雑性を排除することができる．例えば，プロキシが常にコアロジックとなるサービスに寄り添う（**サイドカーパターン**（sidecar pattern））ようにすることで，サービスのアクセスに関するロードバランシングを変更することができるが，サービスメッシュがなければリクエストを送信する側でロードバランシングを調整するしくみが必要である．しかし，これはコアロジックではまったくなく，むしろコアロジックからみれば冗長な処理である．つまり，ロードバランシングの調整はコアロジック側ではやる必要がないうえ，この処理をコアロジックに追加することでサービス全体の一貫性をくずす要因となり，ひいてはもろいアプリケーションにしかねない．

　このように，マイクロサービス的な考えでスケーリング（32 ページ参照）していくときに必要な機能を，ネットワーク側のデータプレーンとそれらを管理するコントロールプレーン（82 ページ参照）に用意することで，全体としてのスケーラビリティを確保するのがサービスメッシュの最も重要な役割である．具体的な実装パターンの一例としては，Kubernetes の中でコンテナとして動作するポッド（72 ページ参照）の中で，サイドカーコンテナとして配備してプロキシとして動作させることが考えられる．また，コンテナに限らず，VM でも導入可能である．

　なお，自社のシステム担当者としてサービスメッシュのしくみや機能を理解しておく必要はあるが，これ自体を一から自前で構築する必要はない．オープンソースの Istio，Envoy，Linkerd などが利用可能であるし，特定のクラウドに特化し

たシステムであれば，クラウド事業者のマネージドサービスのサービスメッシュを利用することも検討できる．

(2) サービスメッシュで実現される機能

以下に，サービスメッシュで実現される具体的な機能を1つずつみていく．

① ネットワークモニタリング機能

上記のとおり，サービスメッシュの最も大事な機能は，ネットワークに対する可観測性を高めること，すなわち，ネットワークモニタリング機能である．サービスメッシュが通信のプロキシシステムとして動作することで，分散しているどのサービスに通信したのか，そのときのレイテンシ（5ページ参照）はどの程度であったのか，通信が成功したか否かなどを正確に把握することが可能になる．

具体的には，サービスメッシュ全体としてデータフローを制御し，サービスメッシュに対する分散トレーシングでリクエストを追跡する．すなわち，あるサービスAからあるサービスZまでの，相互に呼び出される状態をフローとして表現し，どのサービスがボトルネックになっているかなどを観測するのである．

② トラフィックの制御・制限機能

クラウドネイティブなアプリケーションにおいては，サービスはいつでも簡単に追加／削除できることが望ましいので，サービスメッシュによってネットワークトラフィックを柔軟に制御・制限できるようになるメリットも大きい．

例えば，あるサービスの負荷が大きくなったため，同様のサービスの複製を作成（レプリケーション，7ページ参照）したとき，どちらに個々のリクエストを流すかの制御・制限が必要になる．サービスメッシュを利用すれば，トラフィックのロードバランスを制御することができるため，個々のリクエストの制御も容易に可能である．さらに，レプリケーションしたサービスが正常に動作するかのテストも，両方を共存させた状態で行い，比較することができる（**図 3.15**）．

また，この機能を利用して，プロトコルやサービスごとにルールを設定してトラフィックを制御・制限したり，アプリケーションに実装すると煩雑になりがちなセキュアな通信路をサービスメッシュに実行・確保したり

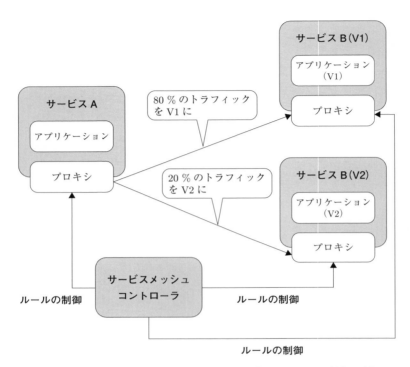

図 3.15 サービスメッシュの模式図およびトラフィック制御の例

することも可能である.

③ **サーキットブレーカ機能**

　サーキットブレーカ(circuit breaker)とは,あるサービスが過負荷と
なって利用できなくなった場合に,そのサービスを呼び出しているサービ
スもエラーとなり,ひいてはアプリケーション全体にエラーが伝播(**カス
ケーディング**(cascading))していく状態を防ぐため,自動的にネットワー
クを遮断したり,復旧させたりする機能をいう.あるサービスの負荷が高
く処理できずにエラーが返ってきた場合に,自動的にサービスへの接続を
継続するためには,少し待って何度かリトライするといったロジックがよ
く利用されるだろう.ここで,カスケーティングを適切に防ぐためには,
サービスごとにタイムアウトとする時間とリトライする回数を最適化する
ロジックが重要であるが,このようなロジックはコアではないため,外部
から制御する形にするほうが望ましい.

サービスメッシュによって，タイムアウトとする時間やリトライする回数を制御できるので，アプリケーションの外部にサーキットブレーカ機能を実装することが可能になる．

 # 3.9 SRE

3.9.1 SRE とは

SRE（Site Reliability Engineering，**サイト信頼性エンジニアリング**）とはアプリケーションやインフラストラクチャの状態やトラフィックの監視，リソースの管理，障害への緊急対応などのすべてを含んだ，分散システム全体の信頼性および安定性を向上させるために必要なソフトウェアエンジニアリング技術の総称である．また，それらを実践するチームのことを指すこともある．元来，Googleにおいてクラウドシステムの運用を設計・構築していく過程で生まれた概念であるが，現在では一般的に，クラウドを用いて組織やサービスを安定的かつ継続的に発展させていくために必要なシステム運用にかかわる重要な概念となっている．

これを実現する具体的な方法の 1 つは，本書でこれまでに述べてきたとおり，システム全般を可能な限りコード化して運用そのものをソフトウェアエンジニアリングに落とし込んで自動化することである．そして，ある人でなければできないといった属人性のある作業を極力なくし，開発と運用を組織横断的に結びつけていくことである．

SRE が注目を集めている理由は，信頼性や安定性といった運用が生み出す価値をサービスに落とし込む，または開発にフィードバックするなど，運用面から実際の価値を生み出すチームが求められるようになってきたことであろう．つまり，本章の冒頭で述べたとおりクラウドへの移行，クラウドの一部導入にともなって，インフラストラクチャ担当者，開発担当者，運用・品質担当者はそれぞれ別々に業務を行うのではなく，互いに協力してフィードバックを重ねてシステムを構築することが求められるようになるが，これにはシステム全体を俯瞰して把握している必要があるのである．

また，アプリケーションやインフラストラクチャに求められる信頼性のレベル

が高くなっていることも影響しているであろう．もはや個々の技術ではなく，信頼性そのものをエンジニアリングすることが求められているといってもよいのが実情である．

現在のアプリケーションやインフラストラクチャは日々変化するクラウド上で複雑にからみ合って構成されており，従来の属人的な運用や開発方法では対応が困難あるため，信頼性を絶えず改善することを目標として，それらを管理・運用する自社の組織そのものをスケーリングすることが求められている．

3.9.2 SRE の実践のポイント

以下に，システムの信頼性を高めることを目指して SRE を実践してくうえでのポイントを簡単に紹介する．

① **モニタリングをする**

すべての起点となるのが，自社のシステムやサービスのモニタリングを行うことである．ここで，エラーの発生状況を確認するだけでなく，さらなる自動化に向けて必要となるデータも収集することが重要である，特に，AIOps（123 ページ参照）のためには，評価可能なモニタリングデータが必須である．

② **突発的なエラーに対処する**

突発的なエラーに対しては，その深刻さ（severity）に応じてなるべく早急に対処する．すなわち，発生したエラーを分析し，何が起こっているのかの現状把握をなるべく早く行う．そのうえで，原因を見つけ出し，さまざまな手法を駆使して解決する．システムの規模が大きくなればなるほど，エラーの頻度が増え，なおかつ，そのインパクトが大きくなる．そして，その分，エラーへの対処をしない，あるいは遅れると，大きな機会損失につながってしまうことを忘れてはならない．

③ **原因を分析する**

次に，エラーへの対応が落ち着いたら，原因を分析して，今後の対処方法について検討する．これにより，信頼性をエンジニアリングすることが可能になる．

④ 適切な頻度で性能をテストする

　　適切な頻度で，アプリケーションやシステムの性能をテストする．これには，インフラストラクチャ担当者，開発担当者，運用・品質担当者の連携が重要である．なぜなら，自社のアプリケーションに必要な性能を見きわめ，妥当なテスト内容によってテストを行い，その結果にもとづいて適切なチューニングを行うことが重要であるからである．ときには，過剰な制約をなくすことも必要である．すなわち，過剰な性能要件となっていないかを見きわめることも必要となる．

⑤ 運用を自動化する

　　できるだけ人手を介さないよう，運用を自動化する．自動化できないことに注力するためにも，できる限りコード化して自動化することが重要である．

3.9.3　SLI と SLO

　SRE によって，システムやサービスの信頼性をエンジニアリングしていくうえでは，信頼性にかかわる客観的かつ測定可能な指標や目標が設定されている必要がある．

(1)　SLI

　SLI（Service Level Indicator，**サービスレベル指標**）とは，システムの性能を定義するための計測可能な値による指標である．例えば，Web サービスであれば，ユーザからのリクエストに対するレスポンスタイムやスループット，エラー率などを SLI として定めることが多い．また，エラーがほとんど起きないシステムであれば，1 年間の稼働率などを SLI として定めることもできる．

　一方，このような SLI の候補となる指標は数多くあるため，個々のシステムやサービスに対して，適切な SLI を設定して正しく計測することが一般的にいって難しい．例えば，Web サービスにおいてレスポンスタイム，可用性（4 ページ参照），リクエスト成功率のいずれが SLI として適切であるかは，まさにケースバイケースであろう．あるユーザはレスポンスタイムを重視するかもしれないし，またほかのユーザはいつでもサービスが利用できることを重視するかもしれない．どのような指標がよいかを突き詰めていった結果，分析が難しい複雑な指標になってしまうこともあるだろう．いたずらに SLI の数を増やさないことにも注意する

必要がある.

(2)　SLO

SLO（Service Level Objective，**サービスレベル目標**）とは，サービスの信頼性を定義した（指標ではなく）目標である．例えば，エラーがほとんど起きないシステムの稼働率の SLO であれば，「1 年間の稼働率を 99.95% よりも高くする」というような形で定義できるだろう．ちなみに，稼働率 99.95% というのは，年間あたりのサービス停止時間が 4 時間程度である.

この SLO を設定するということは，自社のサービスにおける提供レベルの期待値を設定することにほかならない．つまり，まず期待値を設定して，それが達成できるよう，自社のシステムの構成を見直したり，計測すべき SLI を決めたりしていくのである.

一方，SLI と同様，システムやサービスの信頼性とは，いいかえればそれらのユーザの満足度そのものであり，個々のユーザによって異なるのが普通である．つまり，はたして稼働率 99.95% でよいのか，それよりも高い稼働率を求めるのか，あるいはそこまでは必要ないのかといった，ユーザの満足度との擦り合わせができてはじめて SLO は機能するものである．ただ厳しい SLO を設定しても，無駄なコストがかかってしまったり，ユーザの満足度に結びつかなかったりすることもある.

また，SLI，SLO は，状況の変化に応じて適宜，なるべく定期的に見直していくことも重要である.

第 4 章

クラウドセキュリティの
考え方と実践

　本章では，クラウド運用におけるセキュリティについて，本質的な考え方と，効果的に実現するための方法について解説する．

　4.1 節でクラウド運用におけるセキュリティの特徴と考え方を明らかにした後，4.2 節では，クラウドにおけるリスクの全体像と具体例について示し，続く 4.4 節で，意図的脅威に対するセキュリティ技術による対策，4.3 節で非意図的脅威に対する対策である安定性の確保にかかわる対策について述べる．また，4.5 節で，組織体制によるセキュリティ対策について必要となる事項をまとめる．

4.1 **クラウド利用システムのセキュリティとは**

　クラウド（cloud）は，利用者が必要なときに，必要な分だけ計算リソース（サーバ，ストレージ，ネットワークなど）を動的に確保し，ネットワークを介して利用するシステムである [*1]．つまり，情報システムを所有・専有するのではない．以下のことが大きな特徴である [*2]．

i)　　他の利用者とリソースを共有する．

ii)　　クラウド提供者によりサービスとして提供される．

iii)　　ネットワークを介して動的に提供される．

　このため，他の利用者とのシステムの共有，クラウド提供者により提供される基盤システムへの依存，仮想化・分散システムという，技術的な複雑性等にともなうクラウド特有のリスクが存在する．

　また，一般的にいえば，セキュリティに関して高い能力をもつクラウド提供者によってセキュリティ機能やサービス [*3]が提供されているため，利用者がセキュリティを専門としない事業者の場合と比べると，提供されるクラウドサービスのセキュリティレベルが高いと期待できる．ただし，クラウド提供者はセキュリティに対して一定の責任を負って対処するが，セキュリティ事故などで最終的な損害や責任を負うのはクラウド利用者自身であることに留意すべきである．クラウドの活用にあたっては，万一事故等が起きた場合に，対外的な信用が失墜するレピュ

---

*1　米国国立標準技術研究所（NIST: National Institute of Standards and Technology）のクラウドコンピューティングの定義等にもとづく．NIST の定義では**クラウドコンピューティング**（cloud computing）とは，「柔軟に構成可能な計算リソース（ネットワーク，サーバ，ストレージ，アプリケーション，サービス等）を，管理負担とサービス提供者の介在を最小限に抑えて，迅速に提供，開放することで，利用者の要求に応じて動的に（オンデマンドで）ネットワークアクセス可能とするシステムモデルである」とされている．

*2　一般的には，これらの特徴をすべてもつ必要はない．このうち，いくつかの特徴を組み合わせてもつシステムとしてとらえられる．

*3　マネージドセキュリティサービスプロバイダ（**MSSP**: Managed Security Service Provider）など．

テーションリスク（reputation risk）など，すべてのリスクをクラウド提供者に委ねられるわけではないことを認識しなければならない[*4]．クラウドの活用は，効率性や柔軟性などのメリットが大きい一方，オンプレミスにはないクラウド特有のリスク，および利用者にとって（具体的に認知できていない）漠然とした不安が導入の阻害要因となっている．

　したがって，クラウドにおけるリソース共有や開発運用の協業などにおけるセキュリティ対策においては，「何が具体的なリスクなのか」を十分に把握したうえ，それに対応して対策を講じるリスクベースアプローチが効果的である．特に，クラウド提供者と利用者は協業関係にあることを前提として，両者の役割分担と責任関係を明確化して，クラウド利用者側が実施すべき対策をしっかり実現するとともに，クラウド提供者が実施すべき対策についても要件化し，SLA（110 ページ参照）等を含む契約や評価・監査等を行うパートナーとの協力を通じて実効性を確保することが重要である．

　図 4.1 は，クラウド活用のリスクと対策等の基本要素の関係を概念的に示したものである．

　一般に**リスクの大きさ**は，事故発生の可能性（頻度・確率）とその影響度（被害の大きさ）の積として表される．つまり，事故発生の可能性が高いほど，また

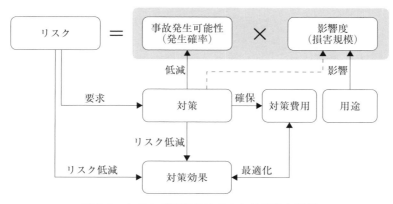

図 4.1　クラウド活用のリスクと対策等の関係

[*4]　サイバー保険を利用するリスク移転手段などもあるが，現状では，企業が被った直接的な損失（実損）以外の無形資産価値（レピュテーション，顧客からの信頼など）の棄損までは補償されていない．

は，影響度が大きいほど，リスクは大きくなる．いいかえれば，リスクを低減するためには，事故発生の可能性を低減するか，または，その影響度を低減することが必要である．影響度は，扱う情報の機密性や利用業務，サービスの重要度によってある程度決まってしまうため，対策により低減できる程度は限られる．したがって，通常は，システムや組織の脆弱性の低減により事故発生の可能性を低減することが主眼となる．

　図 4.2 は，クラウドにかかわるシステムと関係者の構成，および脅威の所在の全体イメージを示したものである．

　クラウドを用いたシステムは，クラウド利用者とクラウド提供者の両方により実現されるシステムから構成され，インターネットを通じて相互接続されるものであるから，クラウドにかかわるリスクは，システムの脆弱性に対する攻撃により損害にいたる**意図的な脅威**（intentional threat）と，システムの不具合や故障にともない安定運用を損なう**非意図的な脅威**（unintentional threat）の 2 種類に大別される．それぞれ具体例をあげると，意図的脅威は，ID 管理にもとづく認証の不備を悪用し不正侵入によって機密情報を窃取したり，従量制サービスを不正に浪費させ利用者に損害を与えたりするものなどで，非意図的脅威は，多数の利用者による処理が集中し，応答が返らなくなる状況，ソフトウェアの不具合によ

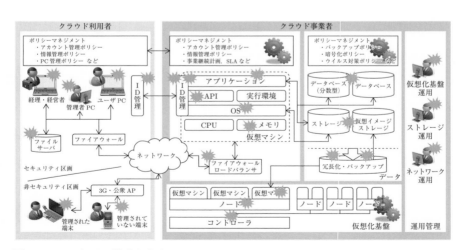

図 4.2　クラウドの構成と主なリスク
（経済産業省：クラウドサービス利用のための情報セキュリティマネジメントガイドライン（2013年度版）より引用）

表 4.1　リスクの観点からみたクラウドの特徴

クラウドの特徴	リスク要因
リソースの共有	リソースの競合，他利用者への攻撃にともなう間接的な影響などを受けるリスクがある．
他事業者との協業	クラウド提供者に依存することにより生じる事故や，技術的なロックイン（20ページ参照）が生じる可能性がある．
技術の特性	技術の複雑化にともなう脆弱性や障害の可能性がある．
法制度の影響	クラウドの所在国に応じてプライバシー保護法や強制捜査などの適用法が異なるため，運用上の制約や機密保護の侵害を受ける可能性がある．

りシステムが停止する状況などの問題である．

リスクの観点から，クラウドの特徴を整理すると**表 4.1** のようになる．

これを踏まえて，オンプレミスのシステムと同様のリスクアセスメントも重要ではあるが，そのほかに，あるいは，むしろここにあげた共有・協業・技術の特性，法制度といった，クラウド特有のリスクにもとづきリスクアセスメントを行うことが重要である．

4.2　クラウド利用システムの具体的なリスクと全体像

4.2.1　クラウドにかかわるリスクの分類

前節で解説したリスクベースアプローチによるセキュリティ対策を行うには，まずリスクを体系的，かつ網羅的に洗い出す必要がある．そのために，クラウドの特徴に応じたリスクの分類を軸として整理する（**表 4.2**）．表 4.2 では，前節に示すクラウドの特徴に加え，クラウド利用者とクラウド提供者などにおける組織管理や内部犯行にかかわるリスクも含めている．

それぞれの利用環境におけるリスクを体系的かつ網羅的に洗い出すためには，これらの観点に沿って順を追って点検し，主要なリスクをもらさないように留意することが重要である．

また，リスク（risk）は，システムが満たすべきセキュリティの特性に対応して分類することができる．これは，**表 4.3** のように情報セキュリティ管理のための国際標準 ISO/IEC 27000 シリーズにおいても定義されている．

表 4.2 クラウドの特徴に応じたリスクの分類

リスクの区分	リスクの概要
共有リスク	多数の利用者とリソースを共有することで，リソースの枯渇，他利用者への攻撃にともなう間接的な影響などを受けるリスク
協業リスク	クラウド利用者と提供者が協業関係で他者に依存することで，コントロールが利かなくなるリスク
技術リスク	仮想化，オーケストレーション（71ページ参照），分散システムなど，クラウドに特徴的な技術の複雑化にともない，生じる脆弱性等のリスク
法制度リスク	国内外の法制度にともなう制約や，法執行にともない生じるリスク
組織リスク	クラウド利用者，提供者等の組織管理，内部犯行などに関連するリスク

表 4.3 セキュリティ要素にもとづくリスクの分類

セキュリティの要素（特性）	概要
機密性	機密情報が許可された人以外にもれないこと
完全性	情報が正確で改ざんされていないこと
可用性	利用者が必要なときに，情報や機能が使えること

表 4.4 リスクの意図的な区分

意図的区分	概要
意図的脅威	・悪意のある攻撃による事故の原因 ・組織の内部・外部の両方がある
非意図的脅威	情報システムの不具合や通信インフラの障害など，悪意によらない脅威にともなう事故の原因

　これを利用すると，システムの機能要素やデータなどの情報資産ごとに，機密性，完全性，可用性を侵害する要因となるリスクの洗い出しを補強・チェックすることができる．

　さらに，リスクは対策の観点からみた場合，悪意をもった意図的な脅威とそれ以外の非意図的な脅威にも分けられる（**表 4.4**）．なお，意図的脅威，非意図的脅威の両方にかかわるリスクもある．

　意図的脅威に対する対策のうち，技術によるものは 4.3 節「セキュリティ技術対策」，非意図的脅威に対するものは 4.4 節「安定性の確保」，組織によるものは 4.5 節「セキュリティ組織対策」にまとめる．また，セキュリティ技術，安定性の確保，セキュリティ組織対策にまたがる協業事業者に対する要求について，4.6 節「クラウド関連事業者に対する要求事項」にまとめる．

4.2.2 クラウド利用におけるリスクの全体像

　クラウドのリスクについては，欧州ネットワーク・情報セキュリティ機関（ENISA: The European Union Agency for Cybersecurity）や日本セキュリティ監査協会（JASA: Japan Information Security Audit Association）など多くの公的機関により，評価検討を通じて整理されている．それらをベースとして，クラウドの主なリスクを洗い出し・整理したものが**表 4.5** である．これらのリスクをベースとしつつ，前述の分類観点にもとづき，システムの用途や環境に応じて抽出されるリスクを追加するとよいだろう．そして，それらのリスク全体への対策を講じることで，リスクベースアプローチにもとづくセキュリティの確保と対外的な説明責任を果たすことができる．

表 4.5　クラウドにかかわる主なリスクの一覧
（ENISA: Cloud Computing Benefits, risks and recommendations for information security, 2009. Top Threats to Cloud Computing The Egregious 11, Cloud Security Alliance，および，クラウドサービスにおけるリスクと管理策に関する有識者による検討結果，特定非営利活動法人 日本セキュリティ監査協会（2012）などの各種情報をもとに筆者が追加・整理）

	リスクの識別名	リスクの概要
1	リソース集約の影響	仮想化技術により 1 台の物理ホストに多数の仮想マシンを集約，データセンタへ多数の利用者を収容することで，障害発生時の影響が拡大する． ネットワークの設定ミスが，大規模障害につながるリスクがある．
2	仮想／物理の不整合	仮想化技術により，キャパシティを超えたリソースの割当，仮想リソースと物理リソースの総和の不整合，仮想スイッチと物理スイッチの VLAN 設計の相違，仮想／物理にまたがるコンピュータとネットワークの大規模化・複雑化によって不具合，大規模障害が発生するリスクがある．
3	共同利用者からの影響	同じクラウドを利用する他のユーザによる悪意のある行動や，アカウントの乗っ取りの結果，クラウドの IP アドレスの外部サービスからのブロック，利用していたストレージの押収などにより，サービスが継続できなくなる．
4	リソース枯渇	クラウド提供者の予想を超えるユーザの需要増加により，インフラやリソースが利用者の需要を満たせず，サービスに支障が生じるリスクがある．

5	隔離の失敗	クラウドサービスを構成するメカニズムの不備や脆弱性への攻撃により，異なるユーザやサービス間の隔離が失われることで，ユーザの機密情報の漏えいなどが生じる.
6	サービスエンジンの侵害	脆弱性等を通じてサービスの制御を奪われることで，サービスエンジン経由の情報漏えい，リソースの逼迫化などのクラウドサービスに特化した攻撃を受ける.
7	内部不正・特権の悪用	クラウド提供者における従業員の悪意や従業員が犯罪組織の標的となることで，クラウドサービスへの侵害が生じる.
8	管理用インタフェースの悪用	クラウド利用者向けや事業者向けのリソース制御用インタフェースが悪用され，サービス全体に影響をおよぼす.
9	データ転送路の不備	ユーザ環境とクラウドサービス，もしくは分散されたクラウドサービス相互のデータ転送が生じることで，転送中のデータの漏えいのリスクが生じる.
10	不完全なデータ削除	ストレージ物理媒体を共有する場合，特定ユーザのデータだけを消去するため，その媒体の物理的な破壊など，セキュリティポリシーに規定されるような完全なデータ消去ができない.
11	クラウド内DDoS/DoS攻撃	悪意のユーザ，もしくは乗っ取りにより，同じクラウドサービス内を起点とするDDoS/DoS攻撃が行われることで，インターネット経由の場合よりも大きな被害が発生する.
12	ロックイン	データおよびサービスのポータビリティを保証できるツール，データフォーマット，インタフェースがないことで，クラウドの移行ができない.
13	ガバナンスの喪失	クラウドを利用することで，ポリシーにもとづくアクセス制御，ログ管理，監査実施等のガバナンスを失う.
14	サプライチェーンにおける障害	クラウドサービスにおける認証等の外部委託サービスに脆弱性が存在すると，クラウドサービス全体に影響をおよぼす.
15	EDoS攻撃	悪意のユーザによるユーザアカウントの乗っ取り，従量制リソースの浪費等を通じて，ユーザに経済的損失をもたらす.
16	暗号化キーの喪失	悪意の関係者により，クラウド事業者が管理すべき暗号化キーが不正利用されることで，ユーザの機密情報漏えい，改ざん等が生じる.
17	不正な探査・スキャン	攻撃のためのデータ収集が，クラウドサービスの環境を通じて，より容易に行われる可能性がある.
18	電子的証拠開示	クラウドサービス上にデータが集中することで，司法当局によるデータの押収が行われた場合に，開示したくないデータまで開示される.
19	司法権の違い	クラウドが設置される国によっては，異なる司法上の解釈や独裁的な警察権力，国際的取決めが遵守されないなどの影響がおよぶ可能性がある.

20	データ保護	クラウド利用者にとって，クラウド提供者が個人データなどを合法的に扱っていることを保証できない．クラウド利用者が合法的でない方法で収集したデータがクラウド上に蓄積されるリスクがある．
21	ライセンス	クラウド利用者のライセンス費用は飛躍的に増大することがある．クラウド内部で作成された成果物（アプリケーション等）がユーザの知的財産として保護されない可能性がある．
22	通信インフラの障害	クラウド利用者と提供者間の通信インフラの障害などが原因で，クラウドのサービス・機能が利用できなくなる可能性がある．
23	機能・サポートの制限	クラウド提供者から必要なサポートや機能が提供されないことで，利用者の開発や事業遂行に支障をきたす．サポートには海外クラウドの言語の問題，機能には状況監視，アプリケーションの API なども含む．
24	ID 管理の負担	すでに利用している ID 管理とは別の ID 管理が必要となり，管理方式の変更と運用の負担増大，ID 漏えいのリスクが増大する．
25	脆弱性管理の不備	クラウド利用者が構築するクラウド利用システムの脆弱性管理が迅速に行われないことで，脆弱性に対する攻撃による事故のリスクがある．
26	コンテンツやストレージへの攻撃	Web コンテンツやソフトウェアの書換えによるサービスの改変，クロスサイトスクリプティングなどによる不正実行，レピュテーションの低下，ランサムウェアによる身代金要求などのリスクがある．

　また，これらのリスクについて前節のリスク分類により，それぞれの特性を示したものが**表 4.6** である．

表 4.6　クラウドにかかわる主なリスクとその特性

	リスクの識別名	クラウド特徴区分	リスク特性区分	責任主体	意図的区分
1	リソース集約の影響	共有，技術	完全性，可用性	提供者	非意図的，意図的
2	仮想／物理の不整合	共有，技術	可用性	提供者，利用者	非意図的
3	共同利用者からの影響	共有	可用性	提供者	非意図的
4	リソース枯渇	共有，技術	可用性	提供者，利用者	非意図的，意図的
5	隔離の失敗	技術	機密性	提供者	非意図的
6	サービスエンジンの侵害	技術，協業	機密性，完全性	提供者	意図的
7	内部不正・特権の悪用	協業，組織	機密性，完全性	提供者	意図的

8	管理用インタフェースの悪用	共有，技術	機密性，完全性	提供者	意図的
9	データ転送路の不備	技術	機密性	提供者，利用者	意図的
10	不完全なデータ削除	共有，技術	機密性	提供者，利用者	意図的
11	クラウド内DDoS/DoS攻撃	共有	可用性	提供者，利用者	意図的
12	ロックイン	協業，技術	可用性	利用者	非意図的
13	ガバナンスの喪失	協業，組織	機密性，完全性，可用性	提供者，利用者	意図的，非意図的
14	サプライチェーンにおける障害	協業，技術	機密性，完全性，可用性	利用者，提供者	意図的
15	EDoS 攻撃	協業，技術	可用性	提供者，利用者	意図的
16	暗号化キーの喪失	協業，組織	機密性	提供者	意図的
17	不正な探査・スキャン	協業	機密性	提供者，利用者	意図的
18	電子的証拠開示	法制度，協業	可用性	利用者，提供者	非意図的
19	司法権の違い	法制度，協業	可用性	利用者	非意図的
20	データ保護	協業	機密性	利用者	非意図的，意図的
21	ライセンス	協業，法制度	可用性	利用者	非意図的
22	通信インフラの障害	協業，技術	可用性	利用者，提供者	非意図的
23	機能・サポートの制限	協業，技術	機密性，完全性，可用性	利用者，提供者	非意図的，意図的
24	ID 管理の負担	協業，技術	機密性	利用者	非意図的，意図的
25	脆弱性管理の不備	技術，組織	機密性，完全性，可用性	利用者	意図的
26	コンテンツやストレージへの攻撃	技術	完全性	利用者，提供者	意図的

　以上のとおり，リスクの分類を行って，意図的であるリスクに対しては，セキュリティ技術対策（4.3 節参照），および，セキュリティ組織対策（4.5 節）を行い，非意図的であるリスクに対しては，安定性の確保（4.4 節）を行う．なお，クラウド特徴区分，リスク特性区分，責任主体，意図的区分のうち，複数に該当するリスクも多い．

4.2.3 リスクと対策の関係

リスクは，リスクの区分に応じて，技術対策と組織対策の組合せにより対応すべきものである．**表 4.7** は，リスクごとに対策概要と主な技術対策項目，主な組織対策項目の対応関係をまとめたものである．

表 4.7 リスクへの対策整理表

リスクの 識別名	対策概要	主な技術対策項目	主な組織対策項目
リソース 集約の影響	・処理装置の物理的分割配備，冗長化，地理的分散，バックアップ，UPS などにより事象の連鎖を防止する． ・波及的な影響に関するリスク（システミックリスク）分析にもとづき，単一障害点を特定し，分散化を図る．	高可用化，監視，ネットワーク防御	アセスメント，ポリシー策定
仮想／物理の不整合	・論理資源と物理資源の需給評価，モニタリングにもとづき資源割当の適正化を図る． ・容量を超過した場合の再配置ライブマイグレーション手段の用意，バックアップを実施する．	監視，高可用化	アセスメント，ポリシー策定
共同利用者からの影響	・サービスレベル，管理上の要求事項についてクラウド利用者と提供者で合意する． ・脆弱性対策を行う． ・ユーザおよび外部からのアクセスの監視，検知，防御を行う． ・バックアップ計画と実施を行う． ・データの送受信に関する規制や制御を行う．	監視，ネットワーク防御，脆弱性管理，高可用化	ポリシー策定
リソース 枯渇	・論理資源と物理資源の需要評価，モニタリングにもとづき資源割当の適正化を図る． ・資源容量を超えた場合のライブマイグレーションを実現する．	監視，ネットワーク防御，高可用化	アセスメント，ポリシー策定

隔離の失敗	・F/W, IDS 等のネットワーク防御や認可にもとづくアクセス制御を徹底する. ・公衆無線ネットワークを通過するデータの暗号化. ・技術的脆弱性管理を行う. ・遠隔診断・環境設定用のポートへのアクセス制御, アクセス用のネットワークの分離.	ネットワーク防御, 脆弱性管理, セキュア開発	ポリシー策定
サービスエンジンの侵害	・脆弱性の対策, アクセス制御, 監視, 異常検知, 防御を強化する. ・遠隔診断用, 環境設定用のポートへのアクセス制御, アクセス用のネットワークの分離. ・IDS の検知ルール等を最新状態にする.	脆弱性管理, 監視, ネットワーク防御, 構成管理・セキュア開発	―
内部不正・特権の悪用	・操作ログ, カメラ等による監視と異常検知を強化する. ・セキュリティを保つべき領域内での活動を, 業務上知る必要のある人のみに知らせる. ・情報の機密性, 真正性を確保するための暗号技術を利用. ・従業員の役割・責任に応じたアクセス権限の設定, 認可を行う.	監視, アクセス制御, ネットワーク防御	ポリシー策定
管理用インタフェースの悪用	・脆弱性の対策, アクセス制御, 監視を強化する. ・遠隔診断用, 環境設定用のポートへのアクセス制御, アクセス用のネットワークの分離.	脆弱性管理, 監視, ネットワーク防御, 構成管理・セキュア開発	ポリシー策定
データ転送路の不備	・公衆・無線ネットワークを通過するデータの暗号アルゴリズムの種別, 強度の要求レベルを考慮して選択する. ・暗号化キーの管理, 脆弱性対策を確実にする. ・電磁波解析, 電力解析などによる情報漏えい対策を行う. ・DLP, MDM を導入する.	ネットワーク防御, 脆弱性管理, 構成管理・セキュア開発, アクセス制御	―

不完全な データ削除	利用終了とともに、記憶領域から情報を取り出せなくする技術により消去する.	ストレージ管理	ポリシー策定
クラウド内 DDoS/ DoS 攻撃	・利用者の利用可能な資源の最大値を設定する. ・過負荷に対応できるリソースの確保、負荷分散を行う. ・ネットワークの監視、異常検知、リソース制限などの防御を行う.	監視、ネットワーク防御	ポリシー策定
ロックイン	・設計時に相互接続性、データ互換性の高い標準的なシステムを採用する. ・標準的なバックアップ手法によるデータ移行を可能にする.	互換性設計、構成管理・セキュア開発	アセスメント、ポリシー策定
ガバナンスの喪失	・従業員の役割と権限を定め、アクセス制御、ログ記録・監視、異常検知、防御を実施する. ・情報システムの操作手順や方針を規定し、手順に沿って誤りなく操作が行われるように徹底する. ・脆弱性管理を徹底する. ・関連する法令、規則、契約等の遵守を徹底する.	アクセス制御、監視	体制構築、ポリシー策定、法制度対応
サプライチェーンにおける障害	・契約者間の責任範囲、責任分界点、SLA 等を契約書で規定する. ・外部委託先やそこから提供されるサービスを監査する.	脆弱性管理、構成管理・セキュア開発	アセスメント、体制構築、ポリシー策定
EDoS 攻撃	・ネットワークの監視、異常検知、防御、リソース制限などにより攻撃による被害拡大を予防する. ・遠隔診断用、環境設定用のポートを含め、不正侵入等を防止するため、認証アクセス制御を徹底する. ・脆弱性管理を徹底する.	監視、脅威分析、認証、アクセス制御、ネットワーク防御、脆弱性対策	—
暗号化キーの喪失	・暗号化キーの管理を徹底する. ・暗号の危殆化への対応を行う. ・暗号化キーのバックアップ時の対策、バックアップデータの機密性を確保する.	ネットワーク防御、構成管理・セキュア開発、脆弱性管理	ポリシー策定

不正な探査・スキャン	・ネットワークの監視，異常検知，不正侵入検知，防御を徹底する． ・遠隔診断用，環境設定用のポートは最小限とし，アクセス制御を徹底する．	監視，脅威分析，ネットワーク防御，アクセス制御	－
電子的証拠の開示	証拠提出命令等の法制度を考慮して，利用するデータ範囲を決定するなどの対策が必要．	－	アセスメント，ポリシー策定
司法権の違い	クラウド提供者の国の法制度を考慮して，利用するデータ範囲やサービスを選別するなどの対策が必要．	－	アセスメント，法制度対応
データ保護	クラウドが存在する国の法令や規制について，クラウド利用者と提供者が認識・合意する．	ストレージ防御	法制度対応
ライセンス	クラウド利用により生じるライセンス料，知的財産権（IPR）および著作権の取扱い，ならびに共同作業の成果の保護のあり方を明確にする．	－	アセスメント，法制度対応
通信インフラの障害	通信インフラの障害や品質低下にともなう事業への影響が許容できる範囲であるか評価し，SLA 等の妥当性の検討，バックアップなど事業継続計画を立てる．	高可用化	アセスメント，ポリシー策定
機能・サポートの制限	必要な機能・サポートを洗い出し，提供されるサポートやその言語，機能を確認して，クラウド利用において問題が生じないか評価し，クラウド提供者を選定する．	セキュア開発	アセスメント，ポリシー策定，法制度対応
ID 管理の負担	ID 管理の方式の変更，組合せなどにより開発・運用コストの評価，ID 漏えいリスクを評価し，クラウド提供者や ID 管理方式の選定を行う．	アクセス制御	アセスメント
脆弱性管理の不備	・IaaS 上などでクラウド利用者が開発するシステムや利用するライブラリの脆弱性管理を徹底する． ・脆弱性を悪用した不正アクセスは，監視，脅威分析により早期対応することで被害を抑えることができる．	脆弱性管理，セキュア開発，監視	体制構築

コンテンツやストレージへの攻撃	セキュアブートや改ざん検知によるファイルの書換え検出，アクセス制御の強化，監視，検知，ネットワーク防御を実現する.	セキュア開発，アクセス制御，監視，ネットワーク防御	―

4.2.4 クラウドシステムの責任分界

　さて，リスクの整理・把握ができたところで，具体的なセキュリティ対策に取り組む前に，それぞれ（クラウド提供者とクラウド利用者）の責任を整理しておかなくてはならない．なぜなら，クラウドシステムは，クラウド提供者が責任をもつクラウド提供システムと，クラウド利用者が責任をもつクラウド利用システムから構成されるからである（14 ページ参照）．クラウドシステム全体の責任関係を示すと**図 4.3** となる.

　クラウド提供者は，提供するサービスの種類 SaaS/PaaS/IaaS に応じて提供するシステムレイヤまで責任を負う．対して，クラウド利用者はクライアント側シ

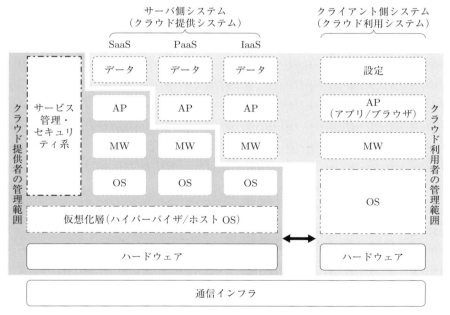

図 4.3　クラウドシステムの全体構成と責任範囲の関係性
（AP：アプリケーション，MW：ミドルウェアの略）

ステムとサーバ側システムのうち，クラウド提供システムの上位にあるシステム
の開発・運用について責任を負う．

なお，クラウドの利用者と提供者の責任範囲については，ISO/IEC 27017:2015，
およびこれに対応する JIS 規格において規定される要件を参考とすることができ
る．これらの規格においては，クラウドの3つのサービス種別に応じて，利用者
と提供者は，**表 4.8** の項目のいずれに責任をもつか，明確に定義しなければなら

表 4.8 SaaS/PaaS/IaaS における利用者と提供者の責任範囲
（ISO/IEC 27017:2015 にもとづき，筆者が作成）

区分	利用者	提供者
SaaS	・収集・処理した顧客データに関するデータ保護法への準拠 ・ID 管理システムの保守 ・ID 管理システムの管理 ・認証プラットフォームの管理（パスワードポリシーの執行を含む）	・物理サポート基盤（施設，ラックスペース，電力，冷却，配線など） ・物理インフラストラクチャ，セキュリティと可用性確保（サーバ，記憶装置，ネットワーク速度など） ・OS パッチ管理と堅牢化（利用者と提供者のセキュリティポリシーの競合の解決） ・セキュリティプラットフォームの設定（FW ルール，IDS/IPS チューニングなど） ・システムモニタリング ・セキュリティプラットフォーム保守（FW，ホスト IDS/IPS，アンチウィルス，パケットフィルタリングなど） ・ログ収集とモニタリング
PaaS	・ID 管理システムの保守 ・ID 管理システムの管理 ・認証プラットフォームの管理（パスワードポリシーの執行を含む）	・物理サポート基盤（施設，ラックスペース，電力，冷却，配線など） ・物理インフラストラクチャ，セキュリティと可用性確保（サーバ，記憶装置，ネットワーク速度など） ・OS パッチ管理と堅牢化（利用者と提供者のセキュリティポリシーの競合の解決） ・セキュリティプラットフォームの設定（FW ルール，IDS/IPS チューニングなど） ・システムモニタリング ・セキュリティプラットフォーム保守（FW，ホスト IDS/IPS，アンチウィルス，パケットフィルタリングなど） ・ログ収集とモニタリング

IaaS	・ID 管理システムの保守 ・ID 管理システムの管理 ・認証プラットフォームの管理（パスワードポリシーの執行を含む） ・ゲスト OS パッチの管理と堅牢化（利用者と提供者のセキュリティポリシーの競合の解決） ・ゲストセキュリティプラットフォームの設定（FW ルール，IDS，IPS トンネリングなど） ・ゲストシステム監視 ・セキュリティプラットフォーム保守(FW,ホスト IDS/IPS，アンチウィルス，パケットフィルタリングなど) ・ログ収集とモニタリング	・物理サポート基盤（施設，ラックスペース，電力，冷却，配線など） ・物理インフラストラクチャ，セキュリティと可用性確保（サーバ，記憶装置，ネットワーク速度など） ・ホストシステム（ハイパーバイザ,仮想FW など）

ないと規定されている．

これらの規格も考慮してクラウド利用者とクラウド提供者の責任範囲の明確化について取り決めることが必要である．

4.3 セキュリティ技術対策

4.3.1 セキュリティ技術の全体像と特徴

クラウド利用システムにおける**セキュリティ対策**（security measure）は，主に 4.2.2 項であげた意図的脅威に対して，クラウドにかかわる技術的な対策を講じることでリスクを低減することを指す．

表 4.7 に示した主な技術対策項目について，技術順に並べてそれぞれの対策の概要をまとめたものが**表 4.9** である．

また，情報セキュリティ管理システムに関する国際標準，ISO/IEC 27000 シリーズにおけるセキュリティの標準的な技術対策と上記のクラウド利用システム

における意図的脅威に対して重要となる技術対策との対応関係について，**表 4.10**
にまとめる．

表 **4.9** クラウドに適用される主な技術的対策の概要

技術的対策	概要	対応する主なリスク
監視, 脅威分析	ネットワーク上の通信，情報システムの操作などのログを監視・分析し，異常や不正な活動が確認された場合に検出する．	サービスエンジンの侵害，リソースの枯渇，内部不正・特権の悪用，不正な探査・スキャン
脆弱性管理	利用システム，ライブラリの脆弱性情報から，該当する脆弱性の特定と修正ファイルの適用により脆弱性対策を迅速に行う．また，脆弱性検査技術などを用いて既知，未知の脆弱性を検出する．	管理インタフェースの悪用，データ転送路の不備，脆弱性管理の不備，サービスエンジンの侵害
認証・アクセス制御	ID 認証にもとづき，アクセス許可やアカウントの役割（ロール）に応じた認可，特権管理を行う．SSL 認証，VPN 接続などを利用する．	内部不正・特権の悪用，ガバナンスの喪失，不正な探査・スキャン
ネットワーク防御	F/W，IDS/IPS，WAF，UTM などを用いてネットワークへの攻撃，不正侵入に対する検知・防御を行う．	リソース枯渇，隔離の失敗，クラウド内の DDoS/DoS 攻撃，不正な探査・スキャン
ストレージ防御	ファイルの改ざん検知，ソフトウェア署名の検証，セキュアブートなどにより，システムの流通・運用時の改ざんを検知して，ストレージのバックアップ，リカバリによってセキュリティ脅威への耐性を確保する．	コンテンツやストレージへの攻撃，不完全なデータ削除
構成管理・セキュア開発	暗号などのセキュリティ機能の適切な利用，および，暗号化キー管理・設定・セキュアコーディングなどの開発技術を適用する．	サプライチェーンにおける障害，隔離の失敗，サービスエンジンの侵害，管理用インタフェースの悪用，事業者が管理すべき暗号化キーの喪失

表 **4.10** ISO/IEC 27000 シリーズにおける技術的な管理策と,
クラウドにおける技術対策項目

ISO/IEC 27000 シリーズ管理策		クラウドにおける技術対策項目
分類	具体例	
アクセス制御	認証,認可,特権管理,VPN など	認証・アクセス制御
暗号	データの暗号化,署名,完全性検査,暗号化キー管理など	ネットワーク防御,ストレージ防御,認証,アクセス制御
運用のセキュリティ	変更管理,資源の利用監視・調整,開発・運用環境へのアクセス認可,マルウェア対策,バックアップ,ログ監視,改ざん防止,脆弱性管理など	監視,脅威分析
通信のセキュリティ	ネットワーク管理,ネットワーク分離,通信データの保護,FW,IDS/IPS,WAF,UTM など	ネットワーク防御
システムの取得,開発および保守	アプリケーションサービスの保護,トランザクションデータの保護,セキュアプログラミング開発,システム変更管理,委託開発管理,機能検査,脆弱性検査など	脆弱性管理,構成管理・セキュア開発

以下で,それぞれ具体的な適用方法を解説する.

4.3.2 監視と脅威の分析

お互いに見知らぬ利用者どうしがリソースを共有し合うクラウドシステムにおいては,リソースの稼働状況とネットワークをよく監視して,常時,システムの安定性に対する脅威の兆候の発見・分析,および,異常検知を行っていくことが重要である.具体的には,サービスエンジンの侵害,リソースの枯渇,内部不正・特権の悪用,不正な探査・スキャンなどへの対策技術が求められる.

これについて,クラウドセキュリティに関する国際標準 ISO/IEC 27017:2015,およびその JIS 規格の 12.4 節で要求事項が規定されている.その中で,クラウド提供者は,クラウドコンピューティングの基盤を構成する要素に関するログ取得についての責任があるとされている.ただし,IaaS などの場合,クラウド利用者が VM,およびアプリケーションのイベントログ取得にまで責任を負う場合があるとされている.さらに,特権的な操作がクラウド利用者に委譲されている場合は,クラウド利用者は,その操作,および操作のパフォーマンスについてもログ

を取得し，クラウド提供者が提供するログ取得機能が適切かどうか，またはクラウド利用者がログ取得機能を追加して実装すべきかどうかを決定することが望ましいとされている．

　対して，クラウド利用者側としては，クラウド提供者側から提供される VM の監視・脅威分析用のツールを用いるか，IaaS, PaaS を利用するシステムにおいては，セキュリティイベントの**記録管理・分析システム**（SIEM: Security Information and Event Management）等や不正侵入検知システムなどのツールをホスト上で稼働させることで対応することができる．例えば，AWS では，クラウドのインフラストラクチャ，システム，アプリケーション，さらにはビジネス指標について，カスタムダッシュボードを構築し，アラームを設定し，アプリケーションのパフォーマンスや信頼性に影響する問題を警告するための異常検知機能として **Amazon CloudWatch anomaly detection**（Cloud Watch）が提供されている．この CloudWatch のメトリクス（監視指標）の異常検出を有効にすると，過去のデータに機械学習アルゴリズムが適用されて，メトリクスの正常時の想定値としてのモデルが作成され，正常な状態から外れる状態や不正な挙動を検知することが可能になる（**図 4.4**）．

　一方，これらのツールには典型的な攻撃や異常を検知するためのルールが用意されているのみであるため，クラウド利用者自身が，個々のシステムの環境に応じてカスタマイズする必要がある．また，クラウドサービス固有の監視・異常検知機能を用いる場合，短期に経済的に実現できるが，特定のサービスによるロックインが生じ，別のサービスに移行する障害となるリスクを考慮しなくてはならない．

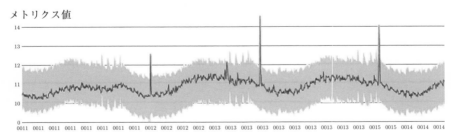

図 4.4　CloudWatch による異常検出の分析画面
（AWS ホームページ ＞ ドキュメント ＞ Amazon CloudWatch ＞ ユーザーガイド
https://docs.aws.amazon.com/ja_jp/AmazonCloudWatch/latest/monitoring/
CloudWatch_Anomaly_Detection.html より引用）

場合によっては，**不正侵入検知システム**（IDS: Intrusion Detection System）や記録管理・分析システム等の汎用の技術を用いて，従来のオンプレミスにおけるシステムの改変と同様に対応することも検討するべきである．

4.3.3　脆弱性管理

クラウド利用システム，および，ハイパーバイザ/ホスト OS などの仮想化基盤を含むクラウド提供システムでは，脆弱性に関する情報の収集と更新，システムの改ざん検知などの脆弱性管理が重要である．具体的には，管理インタフェースの悪用，データ転送路の不備，脆弱性管理の不備，サービスエンジンの侵害などへの対応が求められる．

これについて，国際標準 ISO/IEC 27017:2015，およびその JIS 規格の 12.6 節で基準が示されており，クラウド固有の要求として，「クラウド利用者らが管理に責任をもつアプリケーションやミドルウェアなどに関して，技術的脆弱性を特定し，それを管理するプロセスを明確に定義する」ことが記載されている．

また，クラウド事業者には，「提供するクラウドサービスに影響しうる技術的脆弱性を管理し，クラウド利用者が必要とする脆弱性情報を利用者に提供する」ことを推奨している．すなわち，クラウド提供者側は多層防御型アプローチを導入して，各種コンポーネントのセキュリティ保護を実現する必要があり，これにはコンピューティング，ストレージ，ネットワーク，アプリケーション，ユーザに対するセキュリティの強制と監視を含めなければならない．また，サービスモデルは IaaS，PaaS，および，SaaS など，すべてに共通しなければならない．

このような脆弱性情報の収集・管理においては，クラウドの利用側，提供側を問わず，脆弱性情報データベースや Web サイトを継続的に確認する必要がある．例えば，**脆弱性対策情報ポータルサイト**（JVN: Japan Vulnerability Notes）では，日本で使用されているソフトウェアなどの脆弱性関連情報とその対策情報が提供されており，**NIST NVD**（NIST National Vulnerability Database）では，米国における脆弱性情報が包括的に整備されている．また，セキュリティ情報共有システムの導入や，セキュリティ情報共有サービスの活用，システム開発や更新フェーズにおいては，ソフトウェアの脆弱性を検査する脆弱性検査ツールの適用も有効である．

4.3.4 認証・アクセス制御

認証・アクセス制御 (authentication and access control) とは，情報システム の利用者を特定し，利用者に対して設定された権限に応じてデータへのアクセス，および，機能の実行・利用を制御する機能を指す．クラウドシステムでは，ネットワークを介してリモートでサービスを利用することが前提となるため，認証・アクセス制御の厳格性はより重要となる．具体的には，内部不正・特権の悪用，ガバナンスの喪失，不正な探査・スキャンなどへの対応が求められる．

これについて，国際標準 ISO/IEC 27017:2015，およびその JIS 規格の 9 章で，要求事項が規定されている．その中で，クラウド利用者は，クラウド提供者による登録・削除などの機能と仕様にもとづき，第三者による ID 管理技術・アクセス管理技術も活用して，認証・アクセス制御を実現しなければならないとされている．さらに，管理者に管理権限を与えることになる認証においては，パスワードと IC カードなど異なる複数の手法による多要素認証など，十分な強度の認証方法を用いなければならないとされている．

クラウドシステムにおける ID 管理は，クラウド提供者自体により提供される認証 API や，他の独立した事業者により ID 管理機能のクラウドサービスとして提供される **IDaaS** (IDentity as a Service) などを活用することができる．IDaaS は，クラウド利用者側の企業が保有する ID ディレクトリや，すでに利用している認証サービスと連携することができるため，各種のクラウドサービスの**シングルサインオン** (**SSO**: Single Sign On) にも対応でき，利便性が高い．SSO は，1 つの ID とパスワードで，異なるインターネットドメインの間で，**SAML** (Security Assertion Markup Language) プロトコルによってユーザ認証を行う機能であり，セキュリティの強化につながる．IDaaS には，IT 管理者の負担を減らす ID 連携やセキュリティを強化する機能などがあるため，有用性が高い．具体的には，以下のような機能を実現することができる．

・ID 管理・連携
　ユーザのアカウント作成や削除，変更などを一元的に管理できる．
・高度なアクセス制御
　IT 管理者の許可を得たユーザだけがシステムにアクセスできるようにしたり，部門によってアクセス可能な領域を設定したりすることができる．また，

端末や IP アドレスなどによるアクセス制限に加え，ワンタイムパスワードや生体認証など，2 つ以上の要素を組み合わせた認証（多要素認証）を実現できる.

・ログレポート

ユーザの IDaaS 利用状況を IT 管理者が把握できる．これによって，ユーザのシステム利用状況や，パスワードの変更履歴などをログとして記録し，定期的にチェックすることで，安全に運用されているかどうかを確認できる.

Okta は世界的に利用されている IDaaS であり，世界 200 か国以上，2500 社以上の導入実績がある．ほかに，日本語を含む 20 言語以上に対応している Onelogin，Microsoft の Azure Active Directory など，有用な IDaaS は多数ある.

また，認証・アクセス制御に関するセキュリティ対策としては，SSL（Secure Sockets Layer）/TLS（Transport Layer Security）を用いて，仮想マシンとユーザ間におけるサーバ認証と通信の暗号化を図ることも重要である．さらに，SSL クライアント認証などにより，ユーザ認証をより強化することも望まれる.

4.3.5 ネットワーク防御

ネットワーク防御（network defense）は，ネットワーク間の通信の制御や，ネットワーク間の通信を監視することで，不正なプロセスや活動を検知・防御する技術のことである.

具体的には，リソース枯渇，隔離の失敗，クラウド内の DDoS（Distributed Denial of Service，分散型サービス拒否）/ DoS（Denial of Service，サービス拒否）攻撃，不正な探査・スキャンなどのリスクへの対策技術が求められる.

これについて，国際標準 ISO/IEC 27017:2015，および，その JIS 規格の 13 章において，通信のセキュリティとして要求事項が規定されている．その中で，クラウド固有の対策として，テナント間のネットワーク分離のための要求定義と検証があげられている．具体的には，ファイアウォール（FW: Fire Wall）を設けて仮想マシンとネットワークの間を制御したり，仮想プライベートネットワークを構築して，論理的に異なるネットワークであるサブネットワークとして懸案事項を分離したり，境界防御を設けたりすることになる.

これに対するツールは，ネットワークの i) 入口対策，ii) 出口対策，iii) 内部対

策，iv) 融合対策に分類することができる．

i)　　**入口対策**：不許可の通信をブロックするファイアウォール，不正な通信を検知してブロックする IDS（155 ページ参照）／ **IPS**（Intrusion Prevention System，**不正侵入防止システム**），Web アプリケーションの脆弱性を突く攻撃に対して機能するファイアウォールなど

ii)　　**出口対策**：データ損失防止（**DLP**: Data Loss Prevention）対策，URL などでフィルタリングするツール，メール誤送信防止ツールなど

iii)　　**内部対策**：エンドポイントでの検知・対応（**EDR**: Endpoint Detection and Response）など

iv)　　**融合対策**：複数のセキュリティツールの機能を統合した**統合脅威管理**（UTM: Unified Threat Management），セキュリティツールの運用の自動化と効率化を図る **SOAR**（Security Orchestration, Automation and Response）など

　いずれも，サイバーセキュリティ分野の中で伝統的に用いられてきたものであるが，十分な効果を上げるには，設定・導入に関するスキルの習熟が必要となる．

4.3.6　ストレージ防御

　ストレージ防御（storage defense）は，ファイルサーバやストレージに保存されるデータを防御する技術のことである．ランサムウェア*5 によって無断で自動暗号化されてしまったファイルの復旧を可能にするバックアップや，Web サイトコンテンツ，プログラム等におけるファイルの改ざんを検知する技術が該当する．具体的には，コンテンツやストレージへの攻撃への対応，データ削除が不完全なことに起因するリスクへの対応などがあげられる．

　これについて，国際標準 ISO/IEC 27017:2015，およびその JIS 規格の 12 章において，バックアップやマルウェアによる対策が要求事項としてあげられているが，特にクラウドに固有のものはない．一方，ランサムウェアによる無断の自動

---

*5　**ランサムウェア**（ransom ware）：利用者のデータやシステムに対して攻撃者が不正に暗号化して利用できなくし，利用者に対して，身代金と引き換えに，利用できる状態に戻す攻撃．近年，被害件数が増加している．

暗号化，コンテンツやプログラムの改ざんの被害はオンプレミス以上にクラウド
システムでは大きな脅威となるため，十分な対策をとる必要がある．

　バックアップとしては，i) バックアップ保存先，ii) バックアップ対象，iii) バッ
クアップの頻度とデータの保持期間の観点が重要である．

i)　**バックアップ保存先**：特権モードでアクセス可能なストレージに対して，専
　　用のバックアップソフトウェアで行う．クラウドのデータであっても，暗
　　号化されたバックアップファイルであっても，ランサムウェアが動作する
　　OS からユーザ権限でアクセス可能なファイルには，暗号化されてしまう
　　リスクがあるからである．すなわち，バックアップデータの保存先として，
　　外部の独立したクラウドストレージや，同一クラウド内の NAS（Network
　　Attached Storage, ネットワーク接続ハードディスク），SAN（Storage Area
　　Network, ストレージエリアネットワーク）などのストレージは，いずれ
　　も OS からユーザ権限でアクセス可能であるため，ランサムウェア対策と
　　して有効とはいえない．

ii)　**バックアップ対象**：クラウドシステムでは再稼働はすぐにできないため，
　　事業継続性を確保するために必要なソフトウェア，データ，コンテンツな
　　ど，対象を網羅する必要がある．

iii)　**バックアップの頻度とデータの保持期間**：バックアップによるリカバリで
　　最新状態に戻せることを保証するためには，バックアップの頻度を増やす
　　必要がある．さらに，リカバリを行った後でもランサムウェアによる暗号
　　化や改ざんが発見された場合，それ以前のバックアップデータまでさかの
　　ぼる必要があるため，データの保持期間は長くとる必要がある．

　これらの要件を満たすためには，手動のバックアップは効率的でなく，バック
アップ用の製品を利用することになる．また，マルウェアや不正侵入などによる
改ざん防止技術として，改ざん検知，セキュアブート，コード署名などがある．こ
のうち，改ざん検知ツールの代表的なものとしては，Tripwire, Inc. による商用版
ツールと OSS（Open Source Software）版ツールがある．これらは，監視可能な
デバイス，ファイルなどが豊富であり，さまざまな大規模システムのニーズにも
対応している．さらに，外部ツールと連動させることにより，直接対応していな
い監視対象の情報をも統合管理することができる．

　セキュアブート（secure boot）とは，起動対象の OS の電子署名を検証して，正当なソフトウェアであることが確認できた場合にのみブート処理を継続するものである．Windows でも，8 以降はセキュアブート電子署名が付与されている．また，コード署名（code signing）とは，ソフトウェアアプリケーションに署名する際に，デジタル証明書を使用するプロセスのことである．これによって，アプリケーションの開発元が提供するもとのファイルから改ざんがなされていないことを検証することができる．

4.3.7　構成管理・セキュア開発

　構成管理・セキュア開発（configulation management/secure development）とは，ソフトウェアの構成や環境設定の整合性確保，更新管理にかかわる構成管理技術とソフトウェアのコーディング，および，インテグレーションにかかわるセキュア開発のための技術である．

　具体的には，サプライチェーンにおける障害，隔離の失敗，サービスエンジンの侵害，管理用インタフェースの悪用，および，事業者が管理すべき暗号化キーの喪失などのリスクへの対策技術が求められる．

　これについて，国際標準 ISO/IEC 27017:2015，およびその JIS 規格の 14 章では，システムの取得，開発および保守への要求事項が示されている．その中で，特にクラウド固有の対策としては，（利用における）要求事項の分析と仕様化，開発プロセスの要求定義と確認があげられる．

　要求事項の分析と仕様化（requirements analysis and specification）においては，クラウド利用者側が必要になるセキュリティ機能とその要求事項を定め，そして，クラウド提供者側がそれらの機能と要求事項を満たせるかを評価することとされている．また，開発プロセスの要求定義と確認（requirements definition and confirmation of development process）においては，クラウド提供者側，およびクラウド利用者側が適用する設計・実装・テスト等における開発の手順を定義し，それらを実施しているか確認するとされている．

　構成管理（configulation management）では，ソフトウェアの仕様書，設計書，ソースコード，オブジェクトコード，および，環境設定などの構成要素の整合性確認と，それらの更新の管理を行う．特に IaaS を利用する場合，ネットワーク構成管理もクラウド利用者側で行わなければならないときがある．この際には，ク

ラウド利用者側で，ネットワークシステム全体のセグメント構成を設計し，サブネットワーク間のゲートウェイのセキュリティ設定や，ネットワークに接続される機器の IP アドレス，接続情報管理などを行うことになる．具体的には，ネットワーク構成のバックアップ，ネットワーク設定の自動化，構成の変更，クラッシュの回復および監査などを行うことになる．

また，**セキュア開発**（secure development）としては，開発言語に応じて，さまざまなガイドラインやツールが提供されている．ガイドラインでは，開発において脆弱性が生じやすい事項について，入出力データ処理の検証，メモリ管理，文字列操作，例外処理，認証など，それぞれに原因と対策がまとめられている．例えば，Web/Java/C などによる開発のガイドラインについては以下のものが参考になる．

- Java セキュアコーディングスタンダード（CERT/Oracle 版）
  `https://www.jpcert.or.jp/java-rules/`
- CERT C コーディングスタンダード，JPCERT/CC
  `https://www.jpcert.or.jp/sc-rules/`
- セキュア・プログラミング講座（独立行政法人 情報処理推進機構）
  `https://www.ipa.go.jp/files/000059838.pdf`
- OWASP Top 10–2017（日本語版）
  `https://wiki.owasp.org/images/2/23/OWASP_Top_10-2017%28ja%29.pdf`

さらに，開発委託したコードに対しては，セキュリティ検証ツールを使ってチェックを行うことも重要である．セキュリティ検証ツールとしては，例えば以下のものが利用できる．

- OWASP Zed Attack Proxy（ZAP）
  （Web 開発で代表的な無料版のセキュリティツールで初心者にも使いやすい）
  `https://owasp.org/www-project-zap/`
- WebProbe
  （Web アプリケーションにおけるログイン（ユーザ認証）機能をともなうセッション管理の脆弱性（欠陥）を簡単な操作で診断するツール）
  `https://www.softek.co.jp/SSG/products/wp/wp.html`

・Nessus
（包括的な脆弱性検知スキャナとして代表的なツール）
`https://jp.tenable.com/products/nessus`
・Nmap
（広く知られるオープンソースのセキュリティスキャナツール）
`https://nmap.org/`

4.4 安定性の確保

前節までで，リスクの区分，責任者の分類までができた．

次に，非意図的であるリスクに分類され，クラウド利用者側が責任を負うものについては，クラウド利用システムの安定性の確保を図っていくことになる．ただし，クラウドだからといってオンプレミスと本来考えるべきことは変わらないはずである．むしろ，クラウドを活用するからこそ，これまで現実的に不可能であった対策も講じることができる．

オンプレミスの場合，安定性の確保といえば，運用監視，サーバの冗長化，バックアップを定期的にとることがメインであり，さらに安定性を求める場合にはデータセンタを1つ追加して災害対策とすることまでが現実的な範囲である．

対して，クラウドの場合，サーバの冗長化にとどまらず，データセンタ群を複数，常に利用して冗長化しながらサービスを提供することが可能であるし，バックアップも複数のデータセンタ群に複数，配置することもできる．

一方，理想的なセキュリティと考えられることをすべて行えば，それだけコストがかかるので，過剰となりすぎないように配慮しなくてはならない．したがって，何をどこまで保護しなくてはならないのか，例えばどの程度のダウン等が許容されるのか，復旧までにどの程度かけてもよいのかなどを，各システムや機能ごとに明確化しておく必要があるだろう．

4.4.1 単一障害点の削除

大きなポイントの1つは，クラウド利用システムの安定性の確保においてもオン

プレミスの場合と同じく，**単一障害点**（SPOF: Single Point Of Failure）をなくすことである．クラウドといえどもハードウェア上で動いているので，故障が発生しないわけではないからである．これには例えば AWS の Well–Architected フレームワークのようなものを活用してチェックするのもよいだろう（41 ページ参照）．

　また，定期的に障害が発生したときの手順で作業しておき，手順等を含めて問題がないかを確認しておくのも大切である．クラウドであれば，オンプレミスより代替の環境を見つけやすいとはいえ，机上で考えていただけでは，いざ障害が発生したときに重大な見落としに気づく可能性もある．実際に作業しておくことは重要である．

4.4.2　セキュリティリスク対応

　ポイントの2つ目は，オンプレミスでも同様であるが，セキュリティリスクに対応することである．ソフトウェアの脆弱性やバグが発見された際には速やかに改修が必要である．日ごろ，セキュリティフィックス（修正プログラム）などを適用する場合には，事前に影響範囲を調べ，テストを行い，本番環境へ適用するという運用を行っているはずである．クラウドの場合には，リソースの確保は容易であるし，必要であれば本番とほぼ同サイズのリソースを用意してテストすることもできる．また，あらかじめセキュリティフィックスやバージョンアップなどを適用した環境（グリーン環境）を本番（ブルー環境）とは別に用意しておき，ロードバランサなどの向き先を本番（ブルー環境）から新しい環境（グリーン環境）へ向けることで切替えを行う手法（**ブルーグリーンデプロイ手法**（blue/green deployment model））をとることもできる．この場合，しばらくブルー環境を残しておき，障害が発生した場合には向け先をもとに戻して切戻しを行うことができる．さらに，徐々にワークロードを切り替えて問題がないかを確かめ，不具合が発見されたらもとに戻し，問題がなければ最終的に全部を切り替えるという手法（**カナリーリリース**（canary release））もとることができる．これらは，ソフトウェアの継続的開発・デプロイを行っていく場合にも有効である．

　注意すべきこととして，ソフトウェアに何か不具合が出ると困るので，セキュリティリスクがあるとわかっていてもそのまま運用を続けるという考えは改めなければならない．ソフトウェア，設定等に脆弱性がある状態の時間が長ければ長

いほど，セキュリティリスクが高まるのは当然である．ソフトウェアが動かなくなるだけであればよいが，脆弱性を放置したことによるリスク，例えばシステム全体の破壊や，情報漏えい，他者へのシステム攻撃の踏み台として利用されてしまうリスクなどを考えると許容できるものではない．

また，安定性の確保の点からも，あらかじめ脆弱性が発見されたときのことを考えれば，なるべくマネージドサービスを活用することを考えたほうよいだろう．例えば，データベースのマネージドサービスであれば，データベースエンジンまでの部分の脆弱性が発見された場合には提供者側から適宜，メンテナンスタイムにセキュリティフィックス等の処置がなされるはずであり，利用者側が気にかける必要は少なくなるだろう．もちろんマイナーアップデートであっても変更は発生するので，利用者側として，アップデート通知があった際には，その後の動作について注意を払う必要はあるが，セキュリティの情報を追いかける項目が減ることだけでも利用者側にとっては有用だろう．

さらに，セキュリティに関するマネージドサービスを使うことも脆弱性の対応に有用であろう．例えば，AWS では，セキュリティグループをはじめとしたマネージドサービスを利用できる．これは仮想サーバなどの OS 上でネットワークアクセスを制限する形だけでなく，仮想サーバ自体へアクセスが到達する前にマネージドサービス側を通過する形をとるため，マネージドサービス側でアクセス制限ができたり，直接，仮想サーバをみせないことにより，仮想サーバの OS 等に脆弱性が発見されたとしても，外部にはマネージドサービス側がみえるため，OS の脆弱性を利用されにくくできたりする点が利点である．

ほかには，ロードバランサや CDN などのサービスを利用することで，同じようにオリジナル側（オリジン側）の保護も可能であるし，大量アクセス時のオリジン側の負荷を減らすことで，安定的にサーバを運用することも可能となる．

これ以外にもログ収集，分析，証跡管理，異常検知支援などのセキュリティ対策に利用可能なさまざまなサービスがクラウドサービス側に用意されているので利用するのがよいだろう．

4.4.3　一時的なアクセス急増への対応

一時的なアクセス急増への対応は，オンプレミスではそもそもリソースが限定されているため，考えることができない．クラウドだからこそ対策がとれるもの

といえる.

　通常, クラウドを利用する場合, 利用者側がリソースの上限についてあまり意識する必要はない. 利用した分だけコストが発生するが, 大規模なリソースの利用設定も簡単に行うことができる. そのため, むしろ利用者側の誤った操作によってリソースを増やしすぎて無駄なコストが発生してしまうことを防ぐため, あらかじめリソースを増やせる上限が設定されていたり, 平常利用よりも急激な利用をしようとした場合には利用を抑える設定がなされていたりする. これらはクラウドサービスのサポート等を通して事前に緩和できる場合があるので, 明確な利用用途が見えている場合にはあらかじめ確認しておきたい.

　例えば, ゲーム等のソフトウェアのリリースや, マスコミによる報道などと連動して申込みが一時的に集中するようなシステムの場合, あらかじめリソースの上限緩和の申請をクラウド提供者側にしておき, バックエンドで動作させるリソースをあらかじめ多めに準備しておけば, 対応が可能となってくるだろう. その時々に必要なリソースを見直して適切なコストで運用していけばよいだろう.

4.4.4　安定的なリソースの確保

　2019 年に発生した COVID-19 (新型コロナウイルス) の影響で, 世界的に急激にリモートワークが増え, さまざまなオンラインサービスが利用されるようになった. そのため, クラウドもそれまで以上に多く利用されるようになった. この動きはあまりに急激であったため, リソース不足におちいりそうになったクラウド提供者もいたようである. 将来的なことは誰にもわからないが, 安定的にリソースを提供できるクラウドサービスを利用することも, リスクを下げる要因になると考えられる.

　本来, クラウドの上にどのようなデータが入ってどのように動かされており, どのように活用されているのかは, 責任共有モデル (15 ページ参照) にもとづけばクラウド提供者からはわからないはずである. さらに, システムインテグレータ等が構築して提供したり, SaaS (Software as a Service) としてサービスとしてのソフトウェア提供がされていたりする場合には, クラウド提供者からはどのユーザがどのように利用しているかはなおさらわからないはずである. したがって, 顧客ランクに応じてリソースの利用制限が強く行われることがあった場合にも, そのシステムの停止の社会的な影響の大きさや, 生命にかかわるなどの重大

性にもとづいて判断することはクラウド提供者にとって不可能なはずである．だからこそ，リソースが潤沢に用意されているクラウドをあらかじめ選択しておくべきかもしれない．

　クラウド提供者側がリソース不足におちいるリスクへの対処を考えた場合，コストをかけてでも十分なリソースを確保しておきたいシステムに関しては，あらかじめ必要になりそうなリソースを確保しておくという考え方，潤沢なリソースで運用されているクラウドを利用するという考え方などがあるだろう．

　また，リソースを確保する場所について，これといった理由はなく，日本国内を選択していないだろうか．そのリソースは本当に国内に用意しなくてはならないのか，法令で規定されているのかなどをよく確認したい．他のリージョン，国外でもよければ，選択肢は大きく増える．リージョンごとにクラウド提供者のリソース量も異なるであろうから，同じクラウド提供者でも余裕のあるリージョンを選択できる可能性もある．通常は利用者の多くにとって近い場所のリージョンを使うことで，レイテンシ（5ページ参照）を抑え，有事の際には別のリージョンを使えるように準備しておくというシナリオも考えられるだろう．

　データセンタ群が複数ダウンすることは通常考えにくいが，仮に，リージョンが全滅する場合までを想定するならば，複数のリージョンの使用や，国外へデータを逃がすというリスク対策も必要である．いずれにしてもどこまで何をしなくてはならないのかということを考えて選択されたい．

4.4.5　開発，更新の遅れへの対応

　日々システムが拡張し，複雑化して行く中では，モノリシックなシステム（31ページ参照）からマイクロサービス化したシステムへと移行することで，それぞれを構成しているマイクロサービスの開発，更新スピードを上げることができ，開発，更新の遅れの影響を限定的なものとすることができる．

　しかしながら，それでも全体の挙動を完全にとらえきるのは難しいことに変わりはない．すなわち，これまでのモノリシックなシステム同様，障害が発生した際には，予測もしていなかったところにまで影響が現れることがある．そもそもまったく障害を起こさないシステムをつくることは現実的に難しい．

　この点で，進んだ考え方で運用されている例を紹介しておく．動画配信サービスが中心の Netflix が行っていることで有名となった**カオスエンジニアリング**（chaos engineering）である．本番稼働中のサービスに対して，あえて障害を擬似的に発生させることで，実際に障害が起きた際にもきちんとその障害に耐えられるようにシステムをつくっておき，運用するという取組みである．クラウド利用者側にとって，本来の目的は事業継続のはずである．障害が起きたとしても継続可能なシステムをつくることを目標とするのである．

つまり，カオスエンジニアリングでは，システムの定常状態は何かを決め，影響や発生頻度の優先順序を付けて本番環境で実験を行い，この実験を自動化して継続的に実施していくしくみによって，影響範囲を少なくする工夫をしていく．本番システムに擬似的な障害を発生させる実験を行ってデータをとるというのは，これまでのシステム設計，運用の考え方ではありえないと思われるかもしれないが，本番システムで実験を行うからこそ質の良いデータが集められ，実際の障害が発生したとしても耐えられる，つまり，自動回復できるシステムの構築を目指していくことができるのである．いうなれば，障害を早く見つけることで，それにともなう影響を最小限に抑えていくことができるという考え方である．また，擬似的障害を発生させる時間帯として，夜間などのユーザがあまりいない時間を考えがちであるが，カオスエンジニアリングではきちんと障害に対処できるようにするために，日中など対応できる人間がいる時間帯に行うとしている．Netflixではこれらの取組みを行うことで，障害が発生したときにもサービスが継続できることを実証し続けている．ツール群が公開されていたり，クラウド側でも擬似的障害を発生させるマネージドサービスなども発表されていたりするので一度調べてみるのもよいだろう．全面的に一度に取り入れるのは難しいだろうが，徐々に範囲を拡大していくことはできる．

カオスエンジニアリングを体感できるものとして，例えば AWS などで不定期に実施されている GameDay などのイベントに参加してみるのもよいだろう．これはイベント参加者は架空の会社の技術担当としてクラウドの環境が与えられ，その環境に対して攻撃や障害発生など，さまざまなイベントが発生する．架空の会社の環境を維持し続けることでポイントが与えられるもので，そのポイントを参加チーム間で競うというものである．実際に動き続けるシステムでどのようにイベントを発見し，対処していくかということが体験でき，意識改革ができるものとなるだろうから，機会があれば体験されるのもよいだろう．

以上，安定性の確保に分類されるさまざまなリスクをあげてきたが，いずれにおいても重要なことは決断である．つまり，「どこまで何を行うのか」「どれを優

先するのか」「最悪の場合，どれを切り捨て，どれを守り切るのか」を決めることである．特に，想定外の事態が発生したときには，これが重要となる．日ごろから，さまざまなシナリオを想定しておくことで，自動回復できるシステムを構築していくことができるだろうし，想定外の事態が発生した場合にどのように判断していくかの基準を設けておくことができるだろう．

　クラウドを活用することで，オンプレミス以上にさまざまな選択肢をとることができるので，本来の目的は何であるのかに立ち返って，リスクとその対策を明確にすることが重要である．

4.5　セキュリティ組織対策

　セキュリティ組織対策（security organization measure）とは，人的対策や組織管理策により，リスクへの対応を行うことをいう．表 4.7（145 ページ）から抽出した主な組織対策項目について整理したものが**表 4.11** である．

　セキュリティ組織対策は，セキュリティ対策全体の要となるもので，適切なリスクアセスメントにもとづき，体制構築，セキュリティポリシーの策定を行うのみならず，すべての技術対策の方針を決めるまでを含む．すなわち，**セキュリティ対策**（security measure）においては，セキュリティ組織対策によって構築され

表 4.11　クラウドシステムに適用される主な組織対策の概要

組織対策	対策概要	対応する主なリスク
リスクアセスメント	クラウドに特有のリスクを評価・特定し，それらのリスクへの対処によりセキュリティを確保するプロセスを確立する．	リスク全項目，特に，リソース集約の影響，サプライチェーンにおける障害
ポリシー策定	リスクアセスメントにもとづき，組織全体として，一貫性をもってセキュリティ対策を行うための方針を規定する．	内部不正・特権の悪用，管理用インタフェースの悪用，クラウド内の DDoS/DoS 攻撃など
体制構築	経営層が適切な意思決定が行えるよう，CISO[*6] のリーダシップのもと，開発・運用部署のセキュリティ担当者などに必要な予算を確保して体制を構築する．	ガバナンス喪失，サプライチェーンにおける障害，脆弱性管理の不備など

---

*6　CISO: Chief Information Security Officer（情報セキュリティ最高責任者）の略．

たプロセスを改善するしくみを確立することが重要である.

4.5.1 リスクアセスメント

　クラウドセキュリティの国際標準 ISO/IEC 27017:2015, およびその JIS 規格の 4.4 節では，クラウドサービスにおける情報セキュリティリスクの管理に要求事項が規定されている．その中で，クラウド利用者とクラウド提供者は，いずれも，情報セキュリティリスクマネジメントプロセスを備えていることが望ましいとされている．

　ここで，**情報セキュリティリスクマネジメントプロセス**（information security risk management process）とはリスクアセスメントにもとづく PDCA プロセスアプローチ[*7]を指すものであるが，本章で解説してきた方法の基本的枠組みといってよい．すなわち，クラウドシステムは取り扱う情報資産，扱い方などのリスクが，組織ごとの利用環境に応じて大きく異なるため，クラウド利用者は，まず組織のリスクを洗い出し，それらのリスクの発生可能性や影響度に応じて，対策の優先度を判断できるだけの評価を行うことが重要である．

　クラウドシステムのリスクの要素とそれらの基本構造を図示したものが**図 4.5**である．**リスク量**（quantity of risk）は，脅威・脆弱性・影響度の積の関係としてとらえることができ，外部からの脅威が大きいほどリスクは増大し，システム

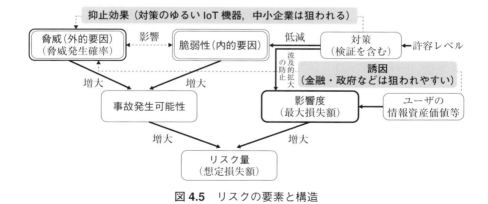

図 4.5 リスクの要素と構造

[*7] **PDCA プロセスアプローチ**（PDCA process approach）：業務プロセスを効果的，確実に遂行するための方法論で，Plan（計画），Do（実行），Check（確認），Act（改善）をサイクルとして回す流れを指す.

の脆弱性（攻撃の対象となる弱点・不備など）が多いほど事故にいたる確率は高くなり，さらに事故にいたった際の影響度に応じてリスクが増大する．

このような構造を把握し，クラウド利用システムにかかわるリスクの全体像をもとに，対象システムの用途や扱う情報に応じて個別にリスクを洗い出し，抽出されたリスクに対して，本章に示す対策のうち，必要なものを講じることが求められる．

なお，クラウドシステム利用に関するリスク分析については，経済産業省の「クラウドサービス利用のための情報セキュリティマネジメントガイドライン」における附属書A「（参考）クラウドサービス利用にかかわるリスク」，附属書B「（参考）クラウドサービス利用におけるリスク・アセスメントの実施例」も参考にすることができる．

4.5.2　セキュリティポリシーの策定

セキュリティポリシー（security policy）は，クラウド利用者の経営陣のセキュリティに関する方向性を指し示すもので，組織全体として一貫性をもって弱点のないバランスのとれた対策を行うために重要である．一方，その内容によっては，過度な対策により通常の業務遂行に支障をきたしたり，特定の対策が他の対策の効果を低下させたりするなど，二次的なリスクを生じさせるおそれがある．

これについて，クラウドセキュリティの国際標準 ISO/IEC 27017:2015，およびその JIS 規格の5章で要求事項が示されている．

特にクラウドシステムにおいては，セキュリティポリシーの策定にあたって以下の点に考慮が必要である．

- クラウドシステムに保存される情報は，クラウド提供者側によるアクセス，および管理の対象となる可能性があること
- クラウドシステムにおける資産（例えば，アプリケーションプログラム）は，クラウドシステム環境の中に保持されること
- クラウドシステム内の処理は，マルチテナント[*8]の仮想化されたクラウドサービス上で実施されること

[*8] **マルチテナント**（multi-tenancy）：クラウドにおいて，ソフトウェア，データベースなどを複数の顧客企業で共有する事業モデルを指す．

・クラウド利用者としての状況，およびクラウド利用者がクラウドを利用する状況のこと
・特権的アクセス権をもつクラウドサービス管理者が存在すること
・クラウド提供者の組織の地理的所在地，およびクラウド提供者が（たとえ，一時的にでも）クラウドシステムのデータを保存する可能性のある国のこと

　具体的には，セキュリティ一般のポリシーのサンプル（特定非営利活動法人 日本ネットワークセキュリティ協会の情報セキュリティポリシーサンプルや，政府の情報セキュリティ対策推進会議の情報セキュリティポリシーに関するガイドラインなど）を参考に，クラウドに固有の特徴や脅威を考慮してカスタマイズするとよい．

4.5.3 セキュリティにかかる組織体制の構築と外部ステークホルダとの関係

　クラウドシステムにおいては，クラウド利用者，クラウド提供者，および，その運用・保守などを行うパートナーなど，ステークホルダ（利害関係者）間における責任関係の明確化と体制の整備が重要である．なぜなら，インシデント発生時には，クラウド利用者だけでは，脅威や状況の把握ができない場合があり，クラウド提供者やパートナーとのコミュニケーションにより，情報共有を図り，速やかな対処が行うことが求められるからである．

　したがって，そのセキュリティの確保は，経営レベルの責務であり，情報セキュリティ最高責任者（CISO）のリーダシップのもと，必要な体制と予算を確保することが重要である．セキュリティ担当者としては，経営層が適切な意思決定が行えるよう，開発・運用担当の経営層に必要な施策や予算について提言することが求められる．

　その組織体制は，リスクアセスメントおよびセキュリティポリシーとも相まって，整合的に構築されなければならない．**図 4.6** は，経営者を含むセキュリティの組織体制の全体像を示している．ここで**シーサート**（CSIRT: Computer Security Incident Response Team）とは，インシデントが発生した際の状況の分析，関係者との連携を通じて対応を行う組織をいう．

　また，**セキュリティ統括責任者**（general security officer）は，情報システム部門，事業担当部門，および，セキュリティ・シーサート担当部門の各部門と連携

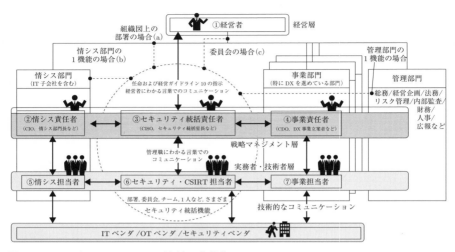

図 4.6　サイバーセキュリティ体制の全体像

（経済産業省：サイバーセキュリティ経営ガイドライン Ver2.0，付録 F サイバーセキュリティ体制構築・人材確保の手引きより引用）

して，CISO や経営層を補佐し，セキュリティ対策を組織横断的に統括する．一方，開発と運用のフェーズに応じて適したものとする必要があるほか，さらに運用フェーズにおいては，平常時だけでなくインシデント（事故）が発生した緊急時においても速やかに対応できるような役割の定義と計画が重要である．

　クラウドセキュリティの国際標準 ISO/IEC 27017:2015，およびその JIS 規格では，4 章，15 章において規定している．クラウド利用者には，クラウド提供者と，セキュリティの役割および責任の適切な割当について合意し，割り当てられた役割および責任を遂行できることを確認することを求めている．特にデータの管理責任，アクセス制御，基盤の保守などについて役割と責任の定義，割当を明確にすることにより，法的な紛争が起こらないようにすべきであるとしている．また，クラウド提供者，および，クラウド運用等におけるパートナーと，データへのアクセスや保守に関するセキュリティポリシーについて合意契約を行うことが重要であるとしている．

　なお，クラウドシステムに限定されない情報システムユーザ企業におけるセキュリティ体制の構築方法については，経済産業省「サイバーセキュリティ経営ガイドライン Ver2.0」の「付録 F サイバーセキュリティ体制構築・人材確保の手引

き」などを参考にすることができる.

4.6 クラウド関連事業者に対する要求事項

4.6.1 クラウド関連事業者との関係と責任範囲

クラウドを利用する場合は，クラウド提供者を含む複数の事業者との協業となるのが必然である．したがって，自身以外の他事業者が果たすべき責任もあらかじめ明確にしておき，日ごろから，責任が果たされているかを確認しておくことが求められる．

ここで，**クラウド関連事業者**とは，大きく分けると**表 4.12** の 3 つに分類される[*9]．また，**図 4.7** に，クラウドシステムの構成にもとづき，これらの関係者の責任範囲を示す．ただし，利用するクラウドサービスのレイヤ（IaaS, PaaS, SaaS）により責任範囲の境界は異なるので，それに応じた合意が重要である．

一方，クラウド提供者が PaaS の場合，PaaS 事業者が IaaS 事業者により提供されるサービスを用いている可能性があり，クラウド利用者としては意図せず第三者の IaaS サービスを利用していることがある．このとき，PaaS 配下にある IaaS に問題が生じた場合，連鎖的な影響を受けるリスクがあるため，クラウド利用者と直接契約を結ぶクラウド提供者には，そのサプライチェーン上の事業者に対するリスク管理責任の合意契約が義務付けられている．

表 4.12 主なクラウド関連事業者

関連事業者	概　要
クラウド利用者	クラウドを利用したアプリケーションの開発・運用・利用を行う.
クラウド提供者	クラウド基盤を提供する事業者
クラウドパートナー[*10]	クラウド利用者，提供者に対して，支援・監査等を行う. 開発インテグレータ，監査人，ブローカ（再販仲介者）に分かれる.

[*9]　クラウドコンピューティングのアーキテクチャを定義する国際標準 ISO/IEC17789 によるクラウドサービスにかかわる主体の 3 分類である.

[*10]　**クラウドパートナー**（cloud partner）：国際標準 ISO/IEC17789 で定義されている，クラウド利用者とクラウド事業者が協業するパートナーのことで，クラウドデベロッパ，クラウド監査人，クラウドブローカなどが含まれる.

図 4.7 クラウド関係者と責任範囲（PaaS の場合の典型例）

4.6.2 主な要求事項

クラウド利用システムのリスクを許容範囲に低減するためには、リスクへの対策整理表（表 4.7、145 ページ）に示したリスク項目のうち、クラウド提供者、クラウドパートナーにかかわるそれぞれの項目に対応することになる。

特に、クラウド利用者からクラウド提供者への要求事項は主に以下の (1) ～ (10) の項目として整理できる。(1) はクラウドサービスそのものに関する要求事項であり、(2) ～ (10) は、クラウドのサービスレベルを確保するために、クラウド提供者に求められる取組みに関する要求事項である。(2) ～ (10) については、要求事項を適切に満たしていることを確認するためにはセキュリティに関する専門性が求められるため、および、セキュリティ確保のための機密にかかわるため、監査や認証制度にもとづく審査結果を活用することも想定される。

(1) SLA

SLA（Service Level Agreement、**サービス品質保証**）とは、提供されるクラウドシステムのサービスレベルについて規定するもののことであり、リスクへの対策整理表におけるリソース集約の影響、リソース枯渇などのリスクへの対策に相当する。また、保証義務規定と努力義務規定とに分けられ、前者は満たさない場合に補償の対象となる。対して、後者は善管注意義務（208 ページ参照）の下で、基準を満たさない場合でも許容される場合がある。

クラウド利用者とクラウド提供者は、主に、次のような事項について SLA で確認・合意しておくとよい。

- クラウド基盤の運用，使い勝手にかかわる項目（可用性，信頼性，性能，拡張性など）
    - サービス稼働率
    - 平均応答時間
    - 同時接続利用者数
    - バックアップ期間・頻度等
    - 暗号化レベル
    - 異常検知からの対処時間（ウイルス検知からの対処時間等）
    - 外部監査，認証の頻度
- サポート
  障害対応や問合せ対応などのサポート項目，および，その水準についての規定
- 未達の場合の賠償
  通信事業者や ISP（Internet Service Provider，インターネットサービスプロバイダ）など，依存する第三者のサービス等における障害の影響，やむをえない場合のサービス一時停止等の理由に関する規定など（免責事項，損害賠償の対象となる事項を規定し，SLA 未達の場合の損害賠償の上限額などを決める）
- クラウド利用者と提供者間のコミュニケーション（報告・連絡）のルール

(2) クラウド提供システムの可用性確保

　クラウド提供者は，クラウド利用システムが必要とする要求レベルに応じて，クラウド提供システムの可用性を確保しなければならない．これは，リスクへの対策整理表では，リソース集約の影響，仮想/物理の不整合などのリスクへの対策となる．

　クラウド利用者とクラウド提供者は，主に以下の要求事項の必要性について検討し，クラウド提供者に対する要求事項として合意しておく．一方，これらをまとめるには専門的な知識が必要になるので，必要に応じて，監査人やコンサルタントを活用するとよい．

- 高可用性対策
  システムの冗長化，地理的分散，バックアップ，単一障害点の解消，および，波及的障害の防止などの事業継続対策を実施する．

・リソース割当の評価・制限・監視情報の提供

物理リソースに対する，クラウド利用者に必要なリソースの評価，リソース割当制限などを実施する．また，リソース消費状況等の監視情報を利用者に対して，APIなどにより提供する．

・サービス廃止の通知期限

サービス廃止を行う場合，一定期間前に通知し，利用者への影響を低減する．

(3)　システム基盤・セキュリティ機能の堅牢化

クラウド提供者は，システム基盤やセキュリティ機能に関する技術的な堅牢化への対応も必要である．これは，リスクへの対策整理表では隔離の失敗，サービスエンジンの侵害，暗号化キーの喪失などへの対策にあたる．クラウド利用者は，クラウド提供者に対して，ソフトウェアの不具合や脆弱性の対策，検証，アクセス制御，ネットワーク防御機能の強化など，必要な堅牢化策の実施を要求する．

(4)　利用者の利用規約・禁止事項

クラウドを利用していると，他の利用者の不正行為や不注意などによって被害を受けるリスクがある．これはリスクへの対策整理表では，共同利用者からの影響のリスクにあたる．

したがって，以下のような禁止事項の必要性についてクラウド利用者とクラウド提供者とで検討し，規約違反の他のクラウド利用者に対してクラウド提供の停止，または賠償請求により実効性を高める措置を行っているかを確認・合意する．

・クラウド提供者や他の第三者の権利・利益を侵害する行為，またはそれらのおそれのある行為

・法令・条例などに違反する行為，もしくは公序良俗に反する行為，またはそれらのおそれのある行為

・犯罪行為，もしくはこれに類する行為，またはそれらのおそれのある行為

・他人のID，もしくはパスワードを不正に使用する行為，またはそれらに類似する行為

・利用者のID，もしくはパスワードを他人に利用させる行為，またはそれらに類似する行為

・コンピュータウイルスなど，他人の権利・利益を侵害する，またはそのおそれのあるコンピュータプログラムを作成，使用，送信，または掲載などする

行為

(5) クラウド提供者の組織内の管理体制

クラウド提供者における内部の不正を防止・抑止するための要求も必要である.これは,リスクへの対策整理表では,内部不正・特権の悪用のリスクにあたる.

具体的にはクラウド提供システムやメンテナンスシステム等のアクセス特権の管理,情報取扱者の制限,監視・記録による不正行為・操作の抑止,雇用者の契約管理などを要求することになる.

(6) 利用者データの取扱い・廃棄等

クラウド利用者に関する情報の保護に関する要求も必要である.これは,リスクへの対策整理表では,不完全なデータ削除,データ保護にかかわるリスクの対応にあたる.

具体的には,クラウド利用者が扱うデータのほか,クラウド利用者に関する契約情報,個人情報の保護,および,クラウド利用終了後のデータの完全な廃棄を要求することになる.このため,以下のような事項について検討する.

- 法令により強制される場合を除き,クラウド利用者のデータへのアクセス・改変・第三者への開示は行わない.
- 汎用的なデータ形式によるデータの提供
- データのバックアップに関する合意

(7) 互換性確保・ロックイン解消

クラウド利用者としては,利用しているクラウドシステムにデータやサービスのポータビリティを確保する互換性やツールがないと,他のクラウドに移行することができない状態(ロックイン)になってしまう.これは,リスクへの対策整理表では,ロックインのリスクにあたる.

対応として,あらかじめ標準的なデータフォーマット,API,ネットワークやセキュリティ機能などのサービスの利用可否を確認しておくことになる.

(8) 必要な機能・サポートの確認と合意

クラウド利用者は,そのクラウドを使用して自らが開発・運用をするうえで必要となるネットワークやセキュリティ関連の機能,サポート,および,それらが提供される言語についてあらかじめ確認し,開発・運用において支障をきたさな

いようにクラウド提供者と契約・合意しておく必要がある．

これは，リスクへの対策整理表においては，機能・サポートの制限のリスクへの対応にあたる．

(9)　外注管理（調達管理，受入検査，立入検査）

クラウド利用者としては，クラウド提供者が外注先の管理を適切に行っていないこともリスクとなりうる．したがって，クラウド提供者は，クラウド基盤を構築・運用する際のサプライチェーンにおける供給者・協業者に対して，必要な調達管理，受入検査，立入検査を実施していることを要件としなければならない．これは，リスクへの対策整理表においては，サプライチェーンにおける障害のリスクの対応にあたる．

(10)　法的リスクの開示・説明

クラウド利用者としては，クラウドのサーバの所在地が公表されていなければ，その所在地の法制度により電子的証拠の開示命令，個人情報の管理規則，輸出管理法令などによるリスクを正しく把握することは難しい．

したがって，クラウド利用者は，クラウド提供者にあらかじめクラウドのサーバの所在地に起因して想定される法的リスクの開示説明を求める必要がある．これは，リスクへの対策整理表における，電子的証拠の開示，司法権の違いなどのリスクにあたる．

4.6.3　監査制度，認証制度の活用

クラウドセキュリティにかかわる監査制度，認証制度としては，主に以下のようなものがあげられる．

- ・**クラウド情報セキュリティ監査制度**

 クラウド事業者が基本的な要件を満たす情報セキュリティ対策を実施し，クラウド情報セキュリティ管理基準に準拠した言明要件[*12]を満たすことを内部監査，およびクラウド情報セキュリティ外部監査人による外部監査により評価し，安全性が確保されていることを顧客に公開する制度である．
- ・**ISMS クラウドセキュリティ認証**

 ISMS（Information Security Management System，情報セキュリティマネ

---

*12　**言明要件**（statement requirement）：明確に記述した要件．

ジメントシステム）（JIS Q 27001）認証に加えて，クラウドサービス固有の管理策（ISO/IEC 27017）が適切に導入・実施されていることを，ISO/IEC 27017:2015 にもとづく要求事項（JIP–ISMS517–1.0）を基準として認証するものである．この認証は，英国規格協会（**BSI**: British Standards Institution）の日本現地法人である BSI グループジャパン（株）などにより行われる．

· **CSA STAR 認証（クラウドセキュリティ認証制度）**

ISO/IEC 27001:2005（情報セキュリティ）の要求事項と，CSA[*13]によって開発されたクラウドサービスの成熟度を測る基準である**クラウドコントロールマトリックス（CCM**: Cloud Control Matrix）にもとづき，クラウドサービス事業者のセキュリティの成熟度を第三者が評価する制度である．CSA から認定を受けた BSI などにより認証が行われる．

· **SOC2（System and Organization Controls 2）**

米国公認会計士協会（**AICPA**: American Institute of Certified Public Accountants）が定めたトラストサービス規準にしたがって業務受託会社の内部統制，および，目標をどのように達成，または準拠したかを実証する独立した第三者監査人による保証報告書である．これは，財務諸表に直接関連しないこと，セキュリティや機密保持，アベイラビリティに重点を置いた保証であることが特徴であるが，外部監査人による直接評価により明確な保証を行うため，コスト負担が大きく，対象者が限られる．なお，SOC2 が利用者を限定するのに対し，**SOC3** は不特定多数の利用者に開示できる内容である（SysTrust，WebTrust など）．

· **政府情報システムのためのセキュリティ評価制度（ISMAP）**

政府が求めるセキュリティ要求を満たしているクラウドサービスをあらかじめ評価・登録することにより，政府のクラウドサービス調達におけるセキュリティ水準の確保を図り，もってクラウドサービスの円滑な導入に資することを目的とした制度である．

本制度は，政府情報システムのみならず民間企業による活用も想定[*14]されているため，今後は民間企業においても，クラウドサービスを選定する際の新

[*13] **CSA**（Cloud Security Alliance）：クラウドセキュリティに関する国際的な業界団体．

[*14] https://www.meti.go.jp/press/2019/01/20200130002/20200130002.html
https://www.nisc.go.jp/active/general/ismap.html
https://www.ismap.go.jp/

表 4.13　国内クラウド提供者の第三者認証取得事例

（経済産業省：クラウドセキュリティガイドライン活用ガイドブック 2013 年版より引用）

事業者名	**IIJ**	ニフティ	**NTT** コミュニケーションズ
サービス名	IIJ GIO	ニフティクラウド	クラウドエヌ
ISMS 認証	○	○	○
プライバシーマーク	○	−	○
PCI DSS	○	○	−
内部統制評価保証	SSAE16 Type2	−	−
その他	−	−	ISO/IEC 20000 など
公開ページの有無	なし	あり	なし

しいスタンダードになっていくことが期待される.

また，日本政府で公開しているクラウドサービスに関する監査，認証の取得事例を**表 4.13** にあげる.

4.7　クラウドセキュリティ対策にかかわる参考情報

以上でも繰り返し述べてきたとおり，クラウドセキュリティ対策については，さまざまなガイドラインや基準が公開されている．このようなガイドラインや基準は，自らの組織に必要な対策の特定と社会的な説明責任を果たすうえで有効であるので，整理しておく.

i)　経済産業省：**クラウドサービス利用のための情報セキュリティマネジメントガイドライン 2013 年度**

クラウドコンピューティングの活用が促進されることを目的として，クラウド利用者がクラウドコンピューティングの利用にあたって実施すべき情報セキュリティ対策のガイドラインが示されている.

ii)　経済産業省：**クラウドセキュリティガイドライン活用ガイドブック 2013 年度**

クラウドサービスに関するリスクと対策を，事業者と利用者のそれぞれについて解説し，「クラウドサービス利用のための情報セキュリティマネジメントガイドライン」の活用についても解説している.

iii) 総務省：**クラウドサービス提供における情報セキュリティ対策ガイドライン第 2 版**（2015）

クラウド事業者と利用者の接点の実践に対象をしぼり込んで，詳しいセキュリティ対策のガイドラインが示されている．

iv) クラウドセキュリティ推進協議会：**エンタープライズクラウド選定ガイド**（2016）

クラウドパートナを含めたクラウドサービスにかかわる各主体の責任の範囲を解説したうえで，クラウドサービス利用者が正しくサービスを比較し，より適切なサービス利用ができるようすることためのガイドとして提供されている *14.

v) 日本セキュリティ監査協会：**クラウド情報セキュリティ管理基準** 2013 年度改正版

経済産業省による情報セキュリティ監査制度を活用して，クラウド提供者のセキュリティレベルに一定の保証を与えることにより，クラウドコンピューティングの普及・発展を促進するための基準が示されている *15.

vi) **ISO/IEC 27017:2015**（Information technology – Security techniques – Code of practice for information security controls based on ISO/IEC 27002 for cloud services）

クラウドサービスの提供と利用に関する，セキュリティ管理策のガイドラインを提供する国際標準である．「クラウド情報セキュリティ管理基準」など，日本発のガイドラインをベースとして国際標準化されたものである．

vii) 欧州ネットワーク・情報セキュリティ機関（**ENISA**: The European Union Agency for Cybersecurity）：**Cloud Computing Benefits, risks and recommendations for information security** y2009

クラウドによる便益，リスク，対策に関する勧告などをまとめている．

　i) は主にクラウド利用者向け，対して，iii) は主にクラウド提供者向けにまとめられている．vi) は，v) などをベースに標準化されたもので，クラウド特有の管

---

*14 https://jcispa.jasa.jp/wp-content/uploads/docs/documents/the_choice_of_good_cloud_v11.pdf

*15 https://jcispa.jasa.jp/wp-content/uploads/docs/cs_management_standard_2013.pdf

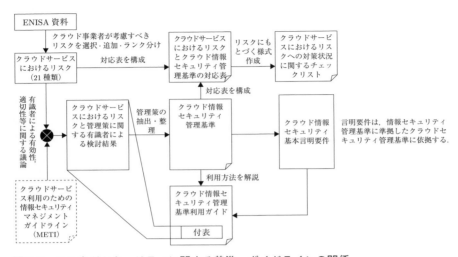

図 4.8　クラウドセキュリティに関する基準・ガイドラインの関係
（日本セキュリティ監査協会：クラウドサービスを安全に活用するための情報セキュリティ監査の利用促進に向けた取り組みについて（2012）より引用）

理策が利用者と提供者の双方に向けてまとめられている

　また，主なクラウドセキュリティに関する基準・ガイドラインの関係性をわが国の政府でまとめたものが**図 4.8** である．これによると，ENISA の "Cloud Computing Benefits, risks and recommendations for information security" をベースに，「クラウドサービスにおけるリスクと管理策に関する有識者による検討結果」（JASA: Japan information Security Audit association）においてクラウドのリスクの抽出・整理を行い，「クラウド情報セキュリティ管理基準」における対策との対応付けを行うのが奨められていることがわかる．

第 **5** 章

ハイパフォーマンス
マシン，モビリティの
クラウドアーキテクチャ

　ここまで現行のクラウドシステムのアーキテクチャ，移行や導入にあたっての
ポイント，安定運用において重要となるクラウドセキュリティの考え方などについ
てみてきた．クラウドシステムが日々進化していること，クラウド利用の実践
には考慮しておくべき点が多くあることを感じとっていただけたかと思う．
　いったい未来のクラウドはどう進化するのだろうか．
　本章では，クラウドの重要な新潮流として，人工知能を支えるハイパフォーマン
スマシンのクラウドと，モビリティとクラウドの融合を実現するモビリティクラ
ウドのアーキテクチャを紹介する．

人工知能クラウド基盤を提供する ABCI

本章では，まず 5.1.1 項で，ディープラーニング（深層学習）に代表される人工知能技術の実用化に欠かせないハイパフォーマンスコンピューティング（高性能計算）技術について述べる．続いて，5.1.2 項では，ハイパフォーマンスコンピューティングで利用されるハイエンドサーバをパブリッククラウドで提供するクラウド HPC について紹介する．5.1.3 項では，クラウド HPC を人工知能の開発基盤として利用する際の課題について述べる．そして，5.1.4 項，5.1.5 項で産業技術総合研究所が整備する人工知能の開発基盤である ABCI について紹介し，パブリッククラウドとの比較を行う．最後に，5.1.6 項では，こうしたクラウドを中心とした人工知能開発で得られたシーズを実社会に導入する技術として注目されるエッジコンピューティングとその未来形について述べる．

5.1.1　人工知能とハイパフォーマンスコンピューティング

今日の人工知能ブームは，ディープラーニング（深層学習）と呼ばれるニューラルネットワークを発展させた計算手法の隆盛そのものといっても過言ではない．ILSVRC（ImageNet Large Scale Visual Recognition Challenge）という画像認識のコンペティションで，2012 年にトロント大学の Geoffrey Hinton らのチームがディープラーニングの手法（AlexNet[*1]）を使って他のチームに対して圧倒的な勝利を収め，2015 年には Microsoft Research Asia（MSRA）の Kaiming He らが発展させた手法（ResNet[*2]）を用いることで人間を上回る認識精度を叩き出した．それ以来，ディープラーニングひいては人工知能は，あらゆる産業分野のスマート化のためのテクノロジドライバとして注目されてきている．

人工知能，特にディープラーニングの利用には，①データから計算によって学習モデルを作成するフェーズ（**学習フェーズ**（training-phase）），②学習モデル

[*1] ImageNet Classification with Deep Convolutional Neural Networks
https://proceedings.neurips.cc/paper/4824-imagenet-classification-with-deep-convolutional-neural-networks.pdf

[*2] Deep Residual Learning for Image Recognition
https://arxiv.org/abs/1512.03385

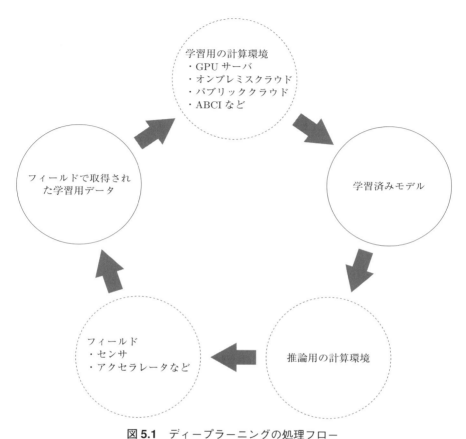

図 5.1 ディープラーニングの処理フロー

を用いて新たなデータに対して推論を行うフェーズ（**推論フェーズ**（inference phase）），の 2 つの処理を行う（**図 5.1**）．

　学習フェーズでは，大量のデータをメモリに読み込み，反復しながら精度を高めていく計算を行うため，膨大な計算量をともなう．一方，推論フェーズでは，各入力データに対し，少量の演算を行えば結果が得られることから，学習フェーズと比較すると計算負荷は高くないものの，人工知能を用いた機能やサービスを容易に実社会に配備・導入できるようにするために省電力性が求められる．

　本章ではクラウドにフォーカスするため，以下の説明では，主として学習フェーズを取り扱う．

　ディープラーニングにおける学習フェーズの計算の規模を実感するには，前述

の ILSVRC の画像認識の場合を考えてみるとわかりやすい．120 万枚の画像デー
タが処理対象であり，1 枚の画像あたり ResNet50 では概算で 40 億回程度の浮動
小数点演算を行う．この計算を，精度が収束するまで，100 回前後繰り返す．概
算で 40 京（= 40×10^{16}）回以上の演算が必要になるということである．もちろ
ん，最適化によって削減できる演算もある．その一方で，演算以外にメモリアク
セスや通信，画像データの入出力などにも多くの処理時間がかかる．

　このような学習フェーズに求められるような膨大な計算を，通常の PC やクラ
ウドサービスで利用されている **IA**（Intel Architecture）サーバ単体でまかなうの
は現実的ではない．試しに学習させてみるだけでも 1 年以上かかるためである．
実際には所要の精度を得るのには，さまざまな試行錯誤が必要となる．最新の研
究では，著作権やプライバシー侵害の問題のないデータからより精度の高い学習
モデルを得ることを目的として，人工的に生成された画像を 1 億（= 1×10^8）枚
以上使用した学習手法も試みられており，いよいよ非現実的となる．さらにいえ
ば，ディープラーニング向けの計算需要は，実用化の進展とともに，3.5 か月ごと
に 2 倍というペースで増加するという調査結果もある [*3]．

　実は，ディープラーニングの初期の発明群は，汎用コンピュータの性能向上が
あってもたらされたものであり，今日の，大量のデータを用いたディープラーニン
グの発展と爆発的普及は，スーパーコンピュータをはじめとするハイパフォーマン
スコンピューティング技術（高性能計算技術）の進展と両輪で進んできた．

　ハイパフォーマンスコンピューティング（**HPC**: High Performance Computing）
では，通常の IA サーバよりコア数の多い CPU や，積和演算において同世代の
CPU の数〜数 10 倍の計算能力をもつアクセラレータを搭載した**ハイエンドサー
バ**（high-end server）が用いられる．また，多数のハイエンドサーバを高帯域・低
遅延の専用ネットワークで結合した**クラスタ型システム**（cluster system/computer
cluster）も用いられる．アクセラレータは，NVIDIA，AMD，Intel などが製造
しているが，クラウドを含むデータセンタ向けの製品としては，NVIDIA の GPU
（Graphics Processing Unit）が，2021 年の時点ではマーケットリーダとなって
いる．同社のデータセンタ向け GPU は，2015 年以降ディープラーニングに最適
化して進化してきており，人工知能の技術開発においてもデファクトスタンダー
ドとなっている．

---

*3　AI and Compute
　　https://openai.com/blog/ai-and-compute/

表 5.1　M40, P100, V100, A100 の主要な性能比較表

製品名	NVIDIA Tesla M40	NVIDIA Tesla P100 for NVLink	NVIDIA V100 for NVLink	NVIDIA A100 for NVLink
FP64	0.2 TFLOPS	5.3 TFLOPS	7.8 TFLOPS	19.5 TFLOPS
FP32	7 TFLOP	10.6 TFLOPS	15.7 TFLOPS	156 TFLOPS
FP16	14 TFLOPS	21.2 TFLOPS	125 TFLOP	312 TFLOPS
GPU メモリ容量	12 GB / 24 GB	16 GB	16 GB / 32 GB	40 GB / 80 GB
GPU メモリ帯域	288 GB/s	732 GB/s	900 GB/s	1555 GB/s / 2039 GB/s
演算コア数	3072	3584	5120	6912
マイクロアーキテクチャ	Maxwell	Pascal	Volta	Ampere
発表年	2015	2016	2017	2020

　ハイパフォーマンスコンピューティングの一番の効用は生産性であり，特に膨大な計算量を要する学習フェーズの効率化の恩恵は顕著である．前述の 1 年かかる計算も，後述の ABCI のほぼ半分（NVIDIA 製 V100 GPU 2048 基）を利用すれば 70 秒[4]で完了する．ABCI より新しい世代の A100 GPU を 8 基搭載したサーバであれば 1 台で 1 時間以内，同じサーバを 192 台同時に利用できれば 1 分以内で処理を終えることが可能[5]である（**表 5.1**）．

5.1.2　クラウドにおけるハイパフォーマンスコンピューティングの活用

　ハイパフォーマンスコンピューティングは人工知能の技術開発の生産性を実用水準に引き上げるキーテクノロジーである一方，膨大な計算能力にはそれ相応の**総保有コスト**（**TCO**: Total Cost of Ownership）がつきものである．具体的には，ハード・ソフトの導入費用から，運用に必要となる維持費（サーバの消費電力，冷却に必要な電力を含む），管理費，人件費などである．ハイパフォーマンスコンピューティング用のサーバは，計算能力あたりで換算すればいずれのコストも従来の IA サーバに比べて低く抑えられる．しかし，人工知能の技術開発において

---

*4　MLPerf Training v0.6 Results
　　https://mlperf.org/training-results-0-6
*5　NVIDIA Data Center Deep Learning Product Performance
　　https://developer.nvidia.com/deep-learning-performance-training-inference

重要なのは絶対的な計算能力である．計算能力，すなわち開発効率に関して妥協しない限りコスト増は不可避である．また，企業等の設備導入サイクルは比較的長く，最新の設備・ソフトウェアをそろえようとしても導入時にはすでに旧式になってしまうという場合も多い．

こうしたことから，通常の IT リソースの調達のみならず，集約的な計算能力の調達においてもクラウドを活用することは現実的な選択肢となっている．2016 年以降，Amazon.com，Microsoft，Google をはじめとする主要クラウドベンダ各社は，GPU 搭載サーバを利用した IaaS サービスをメニューに加えている．このようなサービスは**クラウド HPC**（cloud HPC）と呼ばれる．

クラウド HPC は，サーバ機器代，冷却を含む電気代，保守費用が高額であるため，通常の IA サーバより利用料金が高いこともあり，自社内に少数の GPU サーバを導入して開発環境として利用しつつプロダクションランのみにクラウドを利用する，あるいは，オンプレミス型プライベートクラウドとパブリッククラウドを用いてハイブリッドクラウドを構築して利用する，といった形態をとる場合も多い．

このときに重要となるのは，開発したソフトウェアを，自社サーバ・オンプレミス型プライベートクラウドでも，パブリッククラウドでも，シームレスに実行できる環境を実現して，スムーズな開発・テスト・プロダクション実行を支援することである．Docker に代表されるコンテナプラットフォームや Kubernetes に代表されるオーケストレーションプラットフォームは，こうしたシームレスな実行環境の基盤的機能を提供する．

一方，クラウド HPC の特殊な形態ともいえる，公的スーパーコンピュータの分野では，Singularity[*6] と呼ばれるコンテナプラットフォームが世界的に主流となりつつある．Singularity では，SIF（Singularity Image Format）形式というポータブルなコンテナイメージファイルを扱えるため，自社サーバ・オンプレミス型プライベートクラウドでも，パブリッククラウドでも，シームレスな実行環境を比較的容易に実現でき，また Docker イメージも SIF 形式にコンバートして利用できる，といった特徴がある．このほか，Open Container Initiative（**OCI**）という団体がコンテナのフォーマットの業界標準策定を進めており，コンテナプラットフォームの垣根を越えて相互運用を可能にするしくみは整備されつつある．

また，オンプレミスクラウドとパブリッククラウドを用いたハイブリッドクラ

---

*6　https://sylabs.io/singularity/

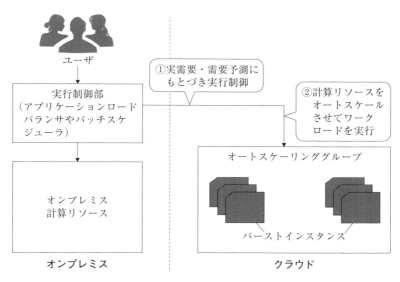

図 5.2 クラウドバースティングの主な 2 つの機能

ウドでは，なるべく多くのワークロードをオンプレミスで実行し，計算リソースへの需要が極端に高まったピーク時（バースト時）のみ，ワークロードをパブリッククラウド上の計算リソースに迅速に切り替える，いわゆる**クラウドバースティング**（cloud bursting）へのデマンドも高い．クラウドバースティングは，主に 2 つの機能から構成される．1 つはオンプレミス側の計算リソース管理システムにおいて実需用もしくは将来需要予測からバーストを検出し，ワークロードの実行制御を行う機能，もう 1 つはパブリッククラウド側で需要に応じて計算リソースをオートスケールさせて，ワークロードを実行する機能である（**図 5.2**）．

　クラウドバースティングは，パブリッククラウドに対する支出と，人工知能をはじめとする計算処理の TAT（Turn Around Time，ターンアラウンドタイム）の双方を圧縮できることから注目度が高い．AWS は自社クラウドを活用してクラウドバースティングを実現する参照アーキテクチャを High Performance Computing Lens[7]の中で紹介している．IBM や Altair などの商用のハイパフォーマンスコンピューティング向けの計算リソース管理システムでも，クラウドバースティング

---

[7]　High Performance Computing Lens – AWS Well–Architected Framework
https://docs.aws.amazon.com/wellarchitected/latest/high-performance-
computing-lens/welcome.html

機能が提供されている．また，オープンソースコミュニティでも Slurm Workload Manager をベースとしたクラウドバースティング機能の開発が進められている．

5.1.3　人工知能クラウド基盤には何が必要か

上述してきたように，パブリッククラウドを人工知能の開発基盤として使うことは現実的である一方，向き／不向きもある．

パブリッククラウドでは，仮想マシンと仮想ネットワークを利用する既存のインフラストラクチャを用いて，GPU 搭載サーバの一部を切り出してインスタンスとして利用者に提供する．このため，仮想化技術によるオーバヘッドが多少はあり，インスタンス間の帯域幅が限定され，また遅延も小さくない．したがって，単体の仮想 GPU サーバとしての用途にはまずまず適しているが，多数のインスタンスを同時に用いて高速処理する目的には向かない．

また，同時に多数のインスタンスを確保することが困難な場合が多い．クラウドが前提とする従量制や予約定額制による課金モデルでは，突発的で短期的な大量のリソース要求よりは，定常的なリソース要求に優先的にリソースを割り当てることになるためである．特に，これは GPU を搭載したハイエンドサーバの台数が十分ではない場合に顕著となるはずである．このため，例えば一時的に 1000 基分の GPU を確保して利用するといった目的には向かない．前述のクラウドバースティングの実現においても，こうしたパブリッククラウド側のリソース割当の特性を考慮する必要がある．

もう 1 つはコストとそれがもたらす分断である．パブリッククラウドの料金はサーバ等の TCO に応じて定まるため，GPU を搭載したハイエンドサーバを利用したクラウドサービスの料金は相応のものとなる．したがって資金力のある大企業等のプレイヤにとって有利，スタートアップや中小企業等にとって不利という分断を生みやすい．人工知能の開発は競争的な側面が強く，他者に先んじて新たな技術を実現することが重要である．競争優位の源泉が資本となることは必ずしも望ましいことではない．

5.1.4　ABCI の概要

ABCI（AI Bridging Cloud Infrastructure, AI 橋渡しクラウド）は，わが国の人工知能の研究開発の推進と社会実装の加速を目的として，公的研究機関である産

業技術総合研究所（以下，「産総研」）が構築したクラウド型計算システムである．

ABCI は，東京大学柏 II キャンパス内に整備された産総研柏センター・AI デー
タセンター棟に設置されており，2018 年 8 月に一般提供を開始した．さらに 2021
年 5 月にはより高性能で省電力の最新 GPU サーバ等を増強し，ABCI 2.0 とし
ての一般提供を開始した．産総研は，人工知能の研究や開発を目的とした利用で
あれば，誰でも均一価格で ABCI を利用できるサービスを提供している．すなわ
ち，クラウドと同様に従量制や予約定額制による課金モデルを採用している．

(1) ABCI の主要な構成要素

ABCI の主要な構成要素は，計 4352 基の NVIDIA V100 GPU アクセラレータ
を備えた，1088 台の GPU 搭載サーバ，計 960 基の NVIDIA A100 GPU アクセ
ラレータを備えた 120 台の GPU 搭載サーバ，計 47 ペタバイトの実効容量を備え
た共有ファイルシステムとクラウドオブジェクトストレージ，これらを高速・低
遅延で相互に接続する専用ネットワークなどからなる（**図 5.3**）．ABCI のピーク

図 5.3　ABCI の外観
（ⓒ国立研究開発法人 産業技術総合研究所）

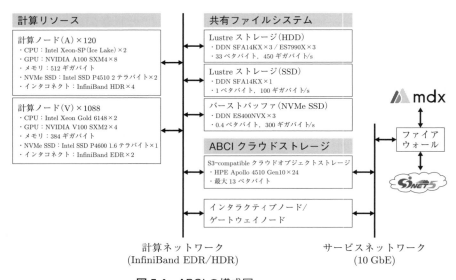

図 5.4 ABCI の構成図
（産業技術総合研究所提供資料より作成）

性能は，倍精度で 56.6 ペタフロップス *8，単精度で 226.0 ペタフロップス，半精度で 851.5 ペタフロップスとなり，国内の公的スパコンとしては富岳に次ぐ規模である．なお，倍精度は 8 バイト（有効桁数約 16 桁），単精度は 4 バイト（有効桁数約 7 桁），半精度は 2 バイト（有効桁数約 3.3 桁）で数値を表現する形式であり，最新の GPU などを用いると半精度・単精度では倍精度よりも大幅に高速な演算処理が可能になるため，機械学習・AI 分野において活用が進んでいる（**図 5.4**）．

(2) ABCI を支えるデータセンタ

ABCI の GPU 搭載サーバの総消費電力は約 2.8 MW に相当する．計 56 ラックに格納されていることから，ラックあたりの消費電力は 50 kW 強となり，一般の IDC（Internet Data Center，インターネットデータセンタ）の熱密度 3 〜 6 kW と比較すると 10 倍に相当する．このような大消費電力・高密度システムは，効率のよい冷却システムを備えたデータセンタでなければ導入・稼働させることができない．特に低い熱密度を前提に設計された従来型の IDC への導入は困難である．これは GPU 搭載サーバを集約的に収容する必要があるクラウドデータ

---

*8 フロップス（**FLOPS**: Floating–point Operation Per Second）は 1 秒間に行える浮動小数点演算の回数を表す．ペタは（10 の 15 乗）を意味する．

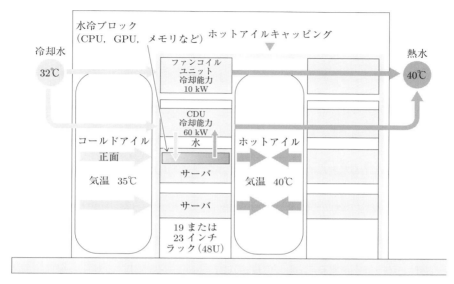

図 5.5 AI データセンター棟の冷却システム
（産業技術総合研究所提供資料より作成）

センタにも共通する課題である．

　ABCI を効率よく冷却するため，上述の AI データセンター棟では独自のハイブリッド冷却システムを備えている．AI データセンター棟は，建屋外に設置された冷却塔と，建屋内に設置された 3 基のコンテナ型データセンタからなる．冷却塔とは，水の蒸発を利用して水を冷却する装置であり，オフィスビルや商業施設の空調などで用いられるものと同じものである．コンテナ型データセンタは，GPU 搭載サーバ，それらを格納するラック，水冷システム，空調機など主要機器のパッケージ化と，ホットアイルキャッピングを担う．**ホットアイルキャッピング**（hot aisle capping）とは，サーバの排気側の高温の空気を吸気側の空気と混合しないように隔離することである．ABCI は，これらの冷却システムを利用して，高温になる CPU，GPU，メモリなどの基幹部品を，まず冷却塔で冷却された水により直接冷却し，残熱は同じ冷却水を用いた簡易な空調機により冷却する．このような工夫により，年間を通じてきわめて低い電力で冷却でき，またチップ温度を空冷に比べて低温に保ち続けられることから，より高い性能を期待できる（**図 5.5**）．

　データセンタの冷却効率を示す指標として **PUE**（Power Usage Effectiveness）がある．PUE は，データセンタ全体の消費電力を IT 機器の消費電力で除したも

のであり，1 に近づくほどデータセンタとしての省エネ効率が高いといえる．一般のデータセンタの PUE は平均で 1.7 程度であるのに対して，ABCI の年間平均PUE は 1.1 と超省エネを実現している．

5.1.5　ABCI と一般的なクラウドの比較

パブリッククラウドと比較すると，ABCI にはさまざまな特徴がある．

(1)　コスト構造

1 つ目はコスト構造である．一般的なオンプレミス型プライベートクラウド環境では，導入コスト（減価償却費），保守費，光熱水料，運用費などの CAPEX，OPEX と利益の合算を，利用者が従量課金制等で負担するモデルである．

ABCI も同様であるが，導入コストを経済産業省「人工知能に関するグローバル研究拠点整備事業」（平成 28 年度第 2 次補正予算），および，「人工知能に関する橋渡しインフラ拡張」（令和元年度補正予算）による公的リスクマネー供給でまかなっている．AI データセンタ棟の超省エネ化により光熱水料の削減を図るとともに，部品交換頻度を抑え，サポート時間を平日 9：00 ～ 17：00 に限定するなどサービスレベルを低減することで保守費と運用費を圧縮している．また，公的機関であることから利益は計上しない．この結果として，利用者は従量制ではパブリッククラウドの 1/6 ～ 1/5 のコストで ABCI を利用できる（**図 5.6**）．

一方，予約定額制においては，ABCI では 30 日までの予約しかできず，従量制の 1.5 倍相当の課金を行う．逆にパブリッククラウドでは年単位の予約が可能で，最大で半額以下までディスカウントされる場合が多い．このため，SLA の差も考

図 5.6　一般的なオンプレミス環境・商用クラウド環境と ABCI のコスト構造の比較

慮すればパブリッククラウドのほうがリーズナブルになる．これは，ABCI では
なるべく従量制でより多くの利用者にリソースを提供することに重点を置いてい
るため，また研究開発フェーズを終えた利用者が徐々にパブリッククラウドに移
行していくことを促進するためである．

(2)　ジョブ実行に特化した PaaS 型サービス

　パブリッククラウドが提供する GPU インスタンスは，IaaS 型のサービスとし
て提供されており，利用者はその上にユーザ環境を構築する．AWS では Deep
Learning AMI，Microsoft Azure では Azure Machine Learning，Google Cloud
では AI Platform といった，ユーザ環境の構築を支援するためのツールが提供さ
れている場合が多い．

　これに対して ABCI は，ユーザ環境の構築とジョブの実行を行うためのインタ
フェースを利用者に提供するサービスである．

　図 5.7 に示すように ABCI にはあらかじめ基本ソフトウェア環境が導入されてい
る．基本ソフトウェア環境には，CUDA Toolkit，cuDNN，NVIDIA HPC SDK
などの開発環境やライブラリや，Singularity，Docker といったコンテナ環境，並

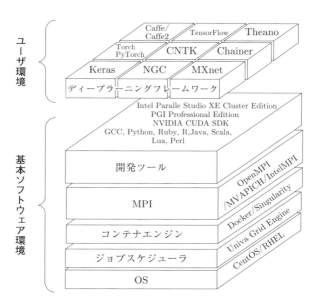

図 5.7　ABCI のソフトウェア環境
（産業技術総合研究所提供資料より作成）

列分散実行を支援する各種 MPI（Message Passing Interface）などのミドルウェアが含まれ，これらは後方互換性を保ちながら年に一，二度の頻度でアップデートされる．利用者は，この基本ソフトウェア環境に追加で必要最小限のユーザ環境の構築を行うだけで済む．また，ISV（Independent Software Vender）アプリも自由に導入可能である．特に ABCI が提供する Singularity 環境を用いると，NVIDIA NGC[*9] などのコンテナライブラリで提供されている GPU に最適化されたコンテナをそのまま実行できるため，ユーザ環境構築の手間は大幅に省力化される．

　利用者がジョブの実行を行うには，専用のコマンドラインインタフェースを用いる．このインタフェースは，使用リソース量，最大利用時間，コマンド名などを受け取り，システムで自動的にリソースを割り当ててコマンドを実行し，実際のジョブ実行時間に応じて課金を行う．このため，インスタンス起動時間に応じて課金される IaaS 型のサービスに対して，利用者側のコスト負担はより小さくなる．

(3)　軽量なリソース分割と割当

　ABCI のもう 1 つの特徴は，軽量なリソース分割とジョブ割当である．IaaS 型のサービスでは，計算サーバを論理的に分割した VM として利用者に提供するのに対して，ABCI では，VM ではなく，cgroups（control groups）と呼ばれる OS レベル仮想化機能を用いて論理的に分割した計算リソース（ABCI では「資源タイプ」という）単位で利用者に提供する（**図 5.8**）．このため，ハードウェア仮想化に要するオーバヘッドがない．もちろん同一の計算サーバにコンソリデート（集約）された複数のジョブ間のリソース隔離が不十分になるというトレードオフも

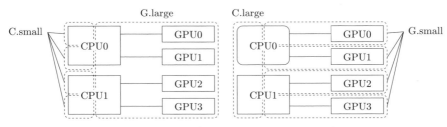

図 5.8　NVIDIA V100 搭載サーバの資源タイプ分割
（産業技術総合研究所提供資料より作成）

---

*9　NVIDIA NGC:
https://ngc.nvidia.com/

ある.

一方, リソースの割当は, バッチジョブスケジューラの機能を利用しており, システムの混雑状況にもよるが, 通常, 数秒で割当が完了し, TAT の短縮に貢献する. IaaS 型のサービスでは, インスタンスの起動や終了に通常, 分単位の時間を要する.

5.1.6 さらに進化する人工知能クラウドの未来

エッジコンピューティング (edge computing) は, IoT 端末などのデバイスや建屋に設置されたサーバ (エッジサーバ (edge server) と呼ばれる) で, データ処理を行う分散コンピューティングの概念のことである. この概念自体は数十年前から存在し, クラウド (あるいはホストサーバ) にデータを送信してクラウド上で処理するのではなく, エッジ側で主要な処理を行うため, レイテンシの低減 (応答速度の向上), セキュリティ・プライバシーの向上, 通信によるボトルネックの解消などが可能になり, よりレジリエント (柔軟) なサービスの提供が可能になるとされている. 近年は, 特に人工知能技術, およびプロセッサ技術の進展にともない, エッジ側でよりインテリジェントな処理を行える見通しが立ってきたことから, エッジコンピューティングへの期待が高まっている. わが国では産業用ロボットや工作機械など, 数ミリ秒オーダの短い TAT が求められる産業分野でのデマンドが高い.

クラウドの観点では, クラウドをコントロールプレーン (72 ページ参照) として用い, エッジサーバのソフトウェアの開発, デプロイ, 管理を支援するソリューションが複数提供されている. AWS IoT Greengrass や Azure IoT はクラウドベンダが提供する代表的なソリューションである. また, NVIDIA は自社のエッジプラットフォーム向けに, NVIDIA TAO および Fleet Command と呼ばれるエッジアプリケーションの開発, デプロイ, 管理プラットフォームを提供している. 特に小売や物流分野での適用事例を増やしており, 今後も成長が望める分野である.

一方, 今後もクラウドとエッジサーバ, それらを用いたエッジコンピューティングのマーケットは広がるとしても, このまま社会インフラ等を担うアーキテクチャとなりうるかという点に関しては大いに疑問が残る. なぜならば, エッジサーバ単体で取得したデータを用いたインテリジェントな処理には限界があり, その限

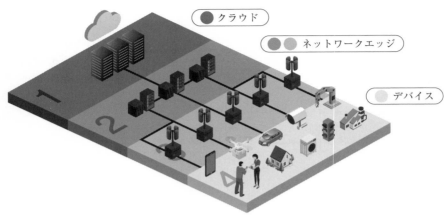

図 5.9　超分散コンピューティングの概要
（産業技術総合研究所提供資料より作成）

界を超えるにはインターネット，あるいはクラウドを介したデータ交換が必要になるからである．また，IoTデバイスの爆発的増加が予想されており，それらを収容するエッジサーバもまた同様の増加が見込まれるからである．この結果として，TAT要件を満たすことが困難となったり，ネットワーク帯域が逼迫したりする事態は容易に想像できる．

　超分散コンピューティング（super-distributed computing）は，クラウドとエッジサーバという「点」の結合ではなく，クラウド，地域IX（Internet exchange），基地局等に設置されるMEC（Multi–access Edge Computing）プラットフォーム，そしてエッジサーバまでの「面」的な計算リソースを活用し，ネットワークの中に処理を分散することで，社会インフラ等に求められる情報処理能力，応答性，レジリエンス等を満たすという概念である．**計算連続体**（computing continuum/continuum of computing）とも呼ばれる．

　超分散コンピューティングでは，ユーザあるいはIoTデバイスにより近いリソースを用いて情報処理を行うことで応答性能の向上が見込まれる．またネットワーク上に処理を分散することで，負荷分散と耐故障性の実現も期待できる．

　超分散コンピューティングは現時点では仮説の域を出ないが，日米欧の複数の研究機関が次世代の分散コンピューティングのアーキテクチャとして検討を本格化させている．

 5.2 交通を変える
モビリティクラウドサービス

5.2.1 モビリティとクラウドの融合

モビリティクラウドサービス（mobility colud service）とは，モビリティ [*10] とクラウドを融合して提供されるサービスを指す．近年，モビリティとクラウドを融合し，モビリティにかかわるデータと計算リソースを活用することにより，新たな価値を創出することに注目が集まっている．なぜなら，計算リソースがネットワークを通じて供給可能になると，モビリティを提供する車両に計算リソースを装備する必要がなくなるうえ，さらに，さまざまなデータを集約することによる恩恵を受けることもできるからである．

これには大きく2つの方向性がある．1つは，移動手段であるモビリティを資源（resource，リソース）ととらえて，必要とする人にクラウドを使ってモビリティをサービスとして提供するという方向性である．これは MaaS（Mobility as a Service）と呼ばれ，例えば，アイドリング状態にあるモビリティと，移動するニーズ・需要の間でリアルタイムに需給マッチングを行ったり，多種多様なモビリティをシームレスに組み合わせ，計画・予約・決済まで行うなどのサービスを指す．モビリティは，必ずしも個々に所有する必要はなく，サービスとして利用したほうがリーズナブルなケースも多いが，MaaS はこれをより広範に可能にするものといえる．

もう1つは，モビリティに付随するデータを資源ととらえて，クラウドを使って利用者のデータに分析を加えることで，価値を高めたサービスを提供するという方向性である．これは，**コネクテッドサービス**（connected service）と呼ばれ，例えば，自動車の位置情報，運転の記録や統計情報，自動車内のオンラインサービスなどの利用状況をデータとして蓄積することで保険商品の開発や運用に役立てたり，より正確で精密な交通情報の提供に役立てたり，さらには情報と娯楽を融合した**インフォテイメント**（infotainment）に活用したりするサービスを指す．

上記のとおり，MaaS，コネクテッドサービスは，ともにデータを統合的に処理することで実現されるものであり，もともと計算リソースを集約するクラウドと

---

*10　モビリティ（mobility）：移動手段や物流手段を指す．

相性がよい．さらに，計算リソースもモビリティも，どちらも所有ではなく，サービスとして利用できればよいという本質に根差した思考が強まれば，自然な流れとして，モビリティサービスを提供するコンピューティングのクラウドシフトが進むものと考えられる．

5.2.2　MaaS，コネクテッドサービスの一例

前項で解説した MaaS，コネクテッドサービスは，大きな広がりをみせている（**表 5.2**）．

(1)　Whim

Whim は，フィンランド発の MaaS であり，バス，電車，タクシー，シェアバイクなどをモビリティの対象として，スマートフォンからの目的地入力によって最適なものが選択できるというサービスである．目的地までの予約から決済まで，1 つのアプリケーションソフトウェア（以下，アプリ）上で完結するようにしている（**図 5.10**）．

(2)　Uber

Uber は米国発の MaaS であり，送迎を必要とする利用者に，タクシーだけではなく一般人の自家用車までを対象として，配車できるようにしたサービスである．1 つのアプリで予約から配車，支払いまでが可能であることに加え，システムの安全性・信頼性が高く評価されたことが普及・拡大の要因となっている（**図 5.11**）．

(3)　UberEATS

UberEATS は，提携したレストランなどの料理の出前・配達を，契約したパートナー配達員によって利用者の指定した場所に届ける，Uber を応用したフードデリバリサービスである．人流を対象とした MaaS に対して，物流を対象としていることが特徴である．

表 5.2　MaaS，コネクテッドサービスの一例

モビリティクラウドサービスの分類			事例
MaaS	人流	マルチモーダル統合サービス	Whim, Mooval
		オンデマンド需給マッチング	Uber, 滴滴出行，Lyft
	物流		UberEATS
コネクテッドサービス			TOYOTA Mobility Service Platform（MSPF）

図 5.10 Whim のスマートフォン画面
（https://whimapp.com/jp/package/coming-to-japan/（2021 年 4 月）より引用）

図 5.11 Uber，UberEATS などのスマートフォン画面
（Uber ホームページより引用）

(4) MSPF

TOYOTA Mobility Service Platform（MSPF）は，トヨタ自動車（株）とトヨタコネクティッド（株）が構築したコネクティッドサービスのオープンプラットフォームであり，外部のモビリティサービスの提供者とオープンに連携することを目的としたものである（**図 5.12**）．

MSPF では，各コネクティッドカーから収集される車両ビッグデータが専用通信機（DCM: Data Communication Module）を通じて，専用のクラウドに安全かつセキュアに管理されている．また，それらの車両ビッグデータを活用するための車両管理や認証機能などのさまざまな API が用意されている．これによって，ライドシェア（ride share，相乗り）やカーシェアリング（carsharing，共同使用），保険などのサービスを提供する企業が，車両情報と連携したサービスを提供することを可能としている．

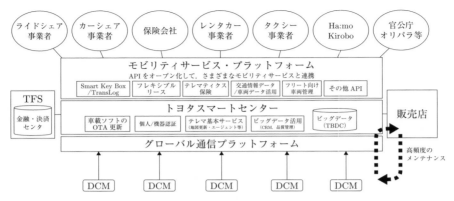

図 5.12　モビリティサービス・プラットフォーム（MSPF）の構成
（トヨタ自動車（株）ホームページより引用）

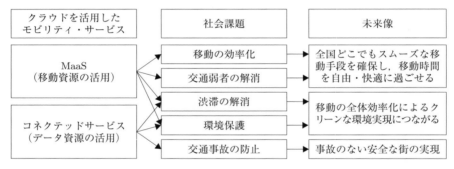

図 5.13　モビリティクラウドによる交通システムの未来

5.2.3　モビリティクラウドサービスで変わる交通システムの未来

　モビリティクラウドは，個人レベルでの効率化を実現するだけにとどまらない．自動車の位置情報や車両データを地域レベル，国レベルでリアルタイムに取得することができれば，都市や地域全体での最適化による交通渋滞の解消，自動運転支援による交通事故の低減，不要な CO_2 排出低減による環境問題の解消，また，いわゆる交通弱者対策など，さまざまな社会的課題の解決につながる．このような交通システムの未来を整理すると**図 5.13** のようになる．

　このように実現されるモビリティクラウドサービスの未来をイメージにすると**図 5.14** のとおりである．

　（株）三菱総合研究所の調査によると 2021 年現在，世界で MaaS 関連消費は 650

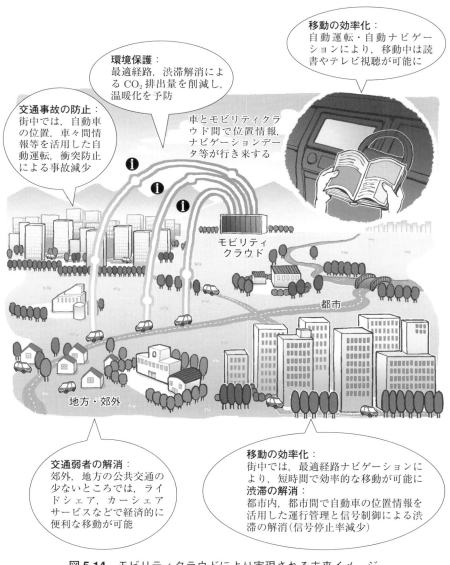

移動の効率化：
自動運転・自動ナビゲーションにより，移動中は読書やテレビ視聴が可能に

環境保護：
最適経路，渋滞解消による CO$_2$ 排出量を削減し，温暖化を予防

交通事故の防止：
街中では，自動車の位置，車々間情報等を活用した自動運転，衝突防止による事故減少

車とモビリティクラウド間で位置情報，ナビゲーションデータ等が行き来する

モビリティクラウド

都市

地方・郊外

交通弱者の解消：
郊外，地方の公共交通の少ないところでは，ライドシェア，カーシェアサービスなどで経済的に便利な移動が可能

移動の効率化：
街中では，最適経路ナビゲーションにより，短時間で効率的な移動が可能に
渋滞の解消：
都市内，都市間で自動車の位置情報を活用した運行管理と信号制御による渋滞の解消(信号停止率減少)

図 5.14 モビリティクラウドにより実現される未来イメージ
(イラスト：アマセケイ)

兆円であるが，2050年には1500兆円にまで拡大すると予測されている．対象とするモビリティは鉄道，航空機にも広がり，物流などの周辺産業を巻き込みながら進展するとされている．

　モビリティクラウドの活用を通じて，渋滞や事故のない道路，環境にやさしい交通，地方におけるスムーズな移動が，新たなサービスとして実現されることが期待されている（**図5.14**）．

第6章

情報管理と法制度

　情報システムを利用した業務やビジネスでは，「法律に違反しないこと」「法的トラブルが生じないこと」が非常に重要である．これはもちろん，クラウドを利用する場合も同様である．

　もっとも，技術者としては，法務的なことは管轄外として関連する別の部署に任せたいところだろう．しかし，自社の法務部門や経営企画部門は，自社の情報システムでどのような情報がどのように処理されているのか，よく知っているだろうか．現在の複雑化した情報利用においては，こうした前提知識がなければ，法的問題が生じる可能性があるかどうかすら判断することができない．少なくともどこに問題がありそうかということは，情報システム部門から問題提起しなければ，見過ごされてしまう．そして，ひとたび情報システムに関する法的問題が生じれば，当該企業の根幹をゆるがす問題になりかねない．

　本章では，クラウドシステムを利用する際に注意すべき法的問題や，知っておくべき法的義務の内容について，できるだけコンパクトに説明する．ぜひ，本章で解説する最低限の法的知識をもって，業務にあたっていただきたい．

6.1　知らないでは済まされない
クラウドの情報管理と法制度

6.1.1　情報システムの利用に関連して
どのような法的責任が課せられるのか

　本章では，クラウドシステムを利用する際に注意すべき法的問題や，知っておくべき法的義務の内容について，できるだけコンパクトに説明する．情報システムを利用した業務やビジネス，また，そのシステムの構築にあたっては，「法律に違反しないこと」「法的トラブルが生じないこと」が非常に重要である．

　技術者としては，法務的なことは管轄外として，関連する別の部署に任せたいところだが，情報システムに関連する法制度は，その技術的内容と密接に関連するものが多く，完全な分業は難しいのが実情である（**表6.1**）．

　例えば，クラウドシステムで保存している情報の中に，個人情報保護法の対象になるものがあるとすれば，同法への対応が必要である．また，国境を越えて情報がやり取りされるクラウドでは，外国の法律が適用されることも珍しくない．外国の法律が適用される状態にあるとすれば，わが国の常識からはかけ離れた巨額の課徴金が課せられることもあるかもしれない．さらには，ベンダとの契約内容によっては，システム開発が途中で頓挫した場合やシステムに不具合が生じた場合に思わぬ損失を負う可能性がある．こうしたことの判断には情報システムに関する知識が不可欠であり，法務などを担っている他部署に委ねることは難しいだろう．

　つまり，法務部門や経営企画部門は，自社の情報システムであっても，それがどのようなしくみで，どのような情報を処理しているのかといった詳細について，知らないと考えなければならないということだ．知らなければ問題点も指摘できないし，双方とも多忙の中，システムの内容を完全にわかるまで説明するというのも現実的ではない．コンプライアンスやガバナンスのうえで，触れたくないものには触れないという姿勢は決して許されるものではないが，法務部門としても，積極的に余計な仕事を増やす余裕はないのである．どこに問題がありそうかということを指摘できる程度の知識は，情報システム部門にも不可欠である．

　なお，本章であげるような問題が起こっても，情報システム部門としては，直

表 6.1　情報システムにかかわる法的問題の例

種　　類	事象例
システムの構築・運営に関する問題	情報システムを利用したサービスが適正に動作しなくなり，利用者や取引先に損害が発生する．
	情報システム開発が計画どおり進まないため，自社業務に支障が生じる．
	情報システムに瑕疵・脆弱性があり，適正に動作しなくなり，自社の業務に支障が生じる．
処理される情報に関する問題	情報セキュリティ対策が不十分であるとして，監督官庁から指導・勧告・命令を受ける．
	クラウド上に蓄積した情報について，著作権侵害，または，外為法（正式名称：外国為替及び外国貿易法）違反の責任を問われる．
	個人情報が漏えいしたことで，その個人情報の本人から損害賠償請求を受ける．
	自社の営業秘密が漏えいしたことで，自社の優位性が損なわれてしまい，損害が発生する．
グローバル化による問題	個人データを外国のクラウドシステムで処理することが，本人の同意なき第三者提供であるとして，指導・勧告・命令を受ける．
	外国の顧客に関する情報を処理することで，**一般データ保護規則**（GDPR: General Data Protection Regulation）の規制対象となる．
	外国の政府機関から，自社システム上で処理している情報について，提出等の要請を受ける．

接責任を問われないかもしれない．しかし，各企業において情報システムの重要性は高まる一方であり，ひとたび情報システムに問題が生じれば，当該企業の根幹をゆるがす問題になりかねない．法制度についても最低限の知識をもって，業務にあたっていただきたい．

6.1.2　企業の情報システムにトラブルが発生した場合には誰がどのような責任を負うのか

　まず，ビジネス上のトラブルが生じた場合に，誰が，どのような責任を問われるのかについて確認しておく．往々にして，この点の意識が希薄であることが多い．
　企業等がその活動によって誰かに損害を与えた場合には，基本的には当該企業

等が法人として責任を負う．ここで**法人**とは，企業などの組織に対して，人としての権利や義務が認められないと経済活動に支障が生じるため，法律の規定で特に付与されている法律上の人格（法人格）のことである（会社法3条等）．つまり，企業等の不法行為によって損害を受けた人は，まず法人である企業等に対して損害賠償が請求できる．また，企業等の活動が法令上の義務に違反している場合も，法人である企業等に対して指導や罰則が行われる．

　一方，法人といっても，実際に行為を行うのは人間である．したがって，実際の人に紐付けられてはじめて法人に対する権利や義務が発生する．法律上，会社（企業）の業務は，執行部門（代表取締役，取締役，執行役等）が統括することになっており，それを取締役会が監督する役割を負っている．**経営責任**とは，通常これらの執行部門の責任を指す．

　また，取締役や執行役は，経営に関して善良なる管理者に期待されるべき注意義務（**善管注意義務**）と，法令，定款，総会決議を守り，職務を忠実に遂行する義務（**忠実義務**）を負っている．「その任務を怠ったときは，株式会社に対し，これによって生じた損害を賠償する責任を負う（会社法第423条）」「取締役がその職務を行うについて悪意又は重大な過失があったときは，これによって第三者に生じた損害を賠償する責任がある（会社法第429条）」と定められており，これらに懈怠（けたい）があった場合には，取締役等が，個人として会社に賠償をしなければならない．損害には取締役の職務執行により，直接に第三者が被った損害だけでなく，例えば取締役の放漫経営で会社が倒産した場合に会社債権者が被った損害も含まれる．また，会社が被った損害について，株主から訴えられる（株主代表訴訟を提起される）可能性もある．さらに，執行部門は，業務執行が不適切だとされれば解任される場合も多い．

　一方，一般の従業員は，雇用契約にもとづいて適切に業務を行う義務を負っている．従業員が業務執行において第三者に損害を与えた場合には，いったん会社が損害賠償責任を負うが，会社はその従業員に求償を求めることができる（民法715条）．また，任務懈怠が認められれば，つまり，従業員としてやるべきことをやっていないとされれば，人事上の措置や懲戒の対象にもなりうる．

●COLUMN●

コラム 6.1　コーポレートガバナンスと内部統制

　企業経営が健全であるためには，内部統制システムとコーポレートガバナンスの構築が重要であると考えられている．

　ここで，**内部統制システム**とは，日々の企業活動の適正な遂行と，その管理を実現するしくみのことである．業務が効率的に行われ利益が上がるようにすること（業績向上）と，リスクを適切に管理し，法令・規律を守るようにすること（不祥事防止）が目的であり，違法行為を未然に防止し，もし起きてしまった場合には，それによる損失の拡大を最小限にとどめることも含まれる．

　会社法と会社法施行規則により，大会社（資本金が 5 億円以上または負債の合計額が 200 億円以上の株式会社）には内部統制システムの整備が義務付けられている．また，金融商品取引法によって，上場企業には内部統制報告書の提出等が求められている．

　また，**コーポレートガバナンス**（corporate governance）とは，企業経営を規律するためのしくみのことであり，基本的に，株主をはじめとするステークホルダが，経営者を監視・監督できるようにすることが重視されている．そもそも，会社法は，ステークホルダの権利を保護するためにあるといってもよい．2019 年の会社法改正でも，コーポレートガバナンス強化のための制度が整備され，独立社外取締役の設置等が求められている．

　このほか，例えば，東京証券取引所では**コーポレートガバナンスコード**（corporate governance code）を設けており，同取引所に上場している企業に向けて，次のような基本原則を示している．

i)　　　株主の権利・平等性の確保
ii)　　　株主以外のステークホルダとの適切な協働
iii)　　　適切な情報開示と透明性の確保
iv)　　　取締役会等の責務
v)　　　株主との対話

　会社法よりも厳しい規範を定めるとともに，企業がこれにしたがわない場合には，なぜしたがわないのかについて説明することを求めている．

6.1.3　情報システムの開発や運用にトラブルが生じた場合に システムベンダやクラウド事業者の責任を追求すること はできるのか

　クラウドを利用するかどうかにかかわらず，情報システム開発にはトラブルが付きものである．その中でも深刻なトラブルは，法的紛争にまでいたる場合がある．こうしたトラブルの多くは，どのようなシステムを，どういう役割分担で，どれだけの期間で，どれだけのコストで開発するのか，ということが明確になっていないために起こる．

(1)　システムベンダを介する利用の場合

　どのような内容であっても業務委託にあたっては，契約を結んでおくことが望ましい．クラウドの利用に限らず，情報システム開発では，最初から完成形が明確であることは少なく，そもそも作業を始めてみないと要件すらわからないことも多い．それでも，思うようにいかないということを前提として，システムベンダの進捗管理と軌道修正のために，段階的に契約（取決め）を積み重ねていかなければならない．契約書という形式をとれなくても，いわゆる外部設計書や議事録をきちんと残し，それぞれが，何を，どのような条件で行うのかについての合意内容を記録として残し，コスト負担についてもあらかじめ決めておくことが重要である．なお，契約書のひな形としては，独立行政法人 情報処理推進機構（IPA: Information-technology Promotion Agency）と経済産業省による「**情報システム・モデル取引・契約書**」（第2版）がある．パッケージ，SaaS/ASP（Application Service Provider，アプリケーションサービスプロバイダ），保守・運用に対象を広げた追補版も公表されている．

　システムベンダは，企画提案段階においてもプロジェクトマネジメントを適切に行う義務を負っているが，ユーザ企業に関する情報収集には限界があることから，すべての損害についてその責任が認められるわけではない（次ページのコラム 6.2 参照）．特に，マルチベンダ環境でのシステム開発の場合には，ユーザ企業のほうに課せられるプロジェクトマネジメントの義務が重くなる傾向がある．したがって，ユーザ企業側としては，どのようなマネジメント義務が課されているかをあらかじめ確認しておく必要がある．特に，プロジェクトの性格に合った責任分担になっているかどうかを技術的な側面から検証することは，情報システム部門の重要な役割である（14 ページ参照）．

●**COLUMN**●

コラム 6.2 （事例 1）スルガ銀行事件
（東京高判　平成 25 年 9 月 26 日，最二小決　平成 27 年 7 月 8 日）

　IBM 社は，以前からスルガ銀行のシステムの管理・運用支援を行っていたが，2000 年ごろから基幹系システム構築の提案等の依頼を受けて提案の検討を行い，2003 年に海外で実績のあった同社の金融機関向けの汎用パッケージをベースに開発する提案をした．IBM 社とスルガ銀行との間で，2004 年 9 月に基本合意，2004 年 12 月に修正基本合意をしたが，最終合意の内容をなかなか確定することができなかった．その合意の時期が延期を重ね，両社は，計画・要件定義の確定を待つことなく，2005 年 9 月 30 日，本件最終合意を締結し，プロジェクトの基本的な運営に関する覚書を締結した．その後も進捗は難航し，合意した開発日程どおりにシステム稼働させることができない状況が続いた．スルガ銀行は，IBM 社からの予期しない提案などに不信感をつのらせ，2007 年 7 月に債務不履行を理由としてすべての契約を解除し，システム開発が中止された．

　この開発中止によって大きな損害を被ったスルガ銀行は，IBM 社の①システム開発の履行義務違反，②プロジェクトマネジメント義務違反，③説明義務違反を主張し，契約の錯誤による無効と，損害賠償請求または原状回復請求（総額 115 億 8000 万円とその遅延損害金）を求めて提訴した．一方，IBM 社は，契約が成立していることと，スルガ銀行に協力義務違反があったことを主張し，スルガ銀行に対して代金および投資費用相当額とその遅延損害金の支払い等を求める反訴を起こした．

　これに対して，東京地裁（東京地判　平成 24 年 3 月 29 日）は，最終合意前の費用も損害と認めて，IBM 社に支払い（約 72 億円と遅延損害金）を命じた．東京高裁は，システム開発の最終合意段階で，IBM 社の日本法人（日本アイ・ビー・エム（株））が中止の可能性もありうるとの説明をしていないと指摘し，それ以降にスルガ銀行が支払った費用について IBM 社が責任を負うとしたが，「提案段階では中止につながる要因を予測することは困難だった」ことなどを理由に，最終合意以降の損害に限定して IBM 社に賠償を命じた（約 42 億円と遅延損害金）．

　※　最高裁は上告を受理せず，東京高裁の判決が確定．

　また，特に，クラウドサービスを利用する情報システムの開発で気をつけるべき点としては，クラウドサービスの提供条件（利用規約）の確認がある．最近のシステム開発では，ある特定企業が提供するクラウドサービスの利用が実質的に不可欠になっていることも多い．一般に，クラウドサービスの提供はシステム共通の利用規約にもとづいて行われるため，その情報システムに不可欠なクラウドサービスがある場合には，そのサービスの利用規約で定められている条件を前提に考えなければならない．クラウドサービスの提供条件が原因で，システムベンダとの間で合意したようなシステムが実現しない場合には，システムベンダが責任を負う取決めになっていることも多いであろう．しかし，そのような場合でも，損害のすべては補償されないことを理解しておかなければならない．少なくとも，そのシステムを用いて行う計画だった事業の機会損失は，ユーザ企業が被ることになる．

　したがって，システムベンダに委託してクラウドを活用した情報システムを開発するにあたっては，クラウド提供者側に関連する問題によって計画が滞る可能性について企画段階で検討し，そのような問題が起こった際の対応と責任の所在についてあらかじめ確認しておくことが重要である．さらに，クラウド提供者側のサービス内容や技術仕様（APIなど）が変更された場合に，システムベンダに対して，どのような要求ができるのか，その場合のコストは誰が負うのかといったことも，明確にしておくことが望ましい．

(2)　直接サービスを利用する場合

　クラウドサービスを直接利用する場合には，クラウドサービスの利用規約にしたがうことになる．ほとんどの利用規約では，クラウドサービスに不具合が生じた場合でも，クラウド利用者側の事業損失は，基本的にクラウド提供者側によって補償されないと定められている．したがって，利用規約を深く読み込み，サービス内容（SLA等），クラウド提供者側における契約上の責任制限の規定が，自社のシステムの運用にどのような影響を与えうるのかについて入念に確認しておく必要がある．できるだけ具体的に，障害が発生した場合の損失と補償を明確にしておき，深刻な損失が発生する可能性があるのであれば，経営者に判断を仰ぐべきである．

　さらに，万一，クラウド提供者側のシステムに障害が生じた場合には，業務の停滞やデータの消失など，深刻な損害が生じる可能性が高い．しかし，利用規約において，障害発生時のクラウド提供者側の責任は限定されていることが多く，

それによって波及した損害は通常は補償されない．したがって，少なくともデータのバックアップは，クラウド利用者側でも完備しておく必要がある．また，万一，クラウド提供者側が破綻した場合，その保有するデータの漏えい等の問題が起こらないようにする必要がある．データの消去がきちんとされているかどうかを，クラウド提供者側やその破産管財人等に確認することが必要になるであろう．

6.2 クラウド上で処理される情報に関する法的責任

6.2.1 どのような情報セキュリティ対策をしないと法律違反になるのか

情報システムを利用するにあたっては，適切な情報セキュリティ対策を行って，情報を安全に管理する必要があることはいうまでもない．適切な情報セキュリティ対策を行うことは法的義務でもあり，これを怠れば，監督官庁からの指導等を受ける可能性がある．

例えば，ほとんどの企業が対象となるものとしては，個人情報取扱事業者としての**安全管理措置義務**がある．ここで，**個人情報取扱事業者**とは，個人データを業務のために利用している事業者のことであり，何らかの形で個人情報を扱っている企業であれば，個人情報取扱事業者としての義務があると思って間違いない．なお，個人情報保護法（略称：個情報）でいう**個人情報**は，当該情報に含まれる氏名，生年月日その他の記述等により特定の個人を識別することができるものおよび個人識別符号が含まれるものであると定義されている（個情法第2条）．よく誤解されているが，氏名や生年月日があれば，必ず識別可能であるとは限らない．例えば，「鈴木一郎という名前の人が日本に何人いるか」という情報は個人情報ではない．一方，単独では特定の個人を識別できなくても，組合せによって識別可能になる場合がある．もし，東京都中央区銀座1丁目に住んでいるA社の社員が1人であれば，「銀座1丁目のA社社員」に関する情報は個人情報である．氏名等を含まない購買履歴や行動履歴であっても，ある1人のリアルな個人のことだということがわかるのであれば個人情報になりうる．なお，**個人識別符号**とは，バイオメトリクスのデータや，パスポート番号・マイナンバー等の，個人ごとに個別に割り当てられた符号として政令で指定されているものである．また，**個人データ**とはコンピュータ等によって体系的に構成された個人情報のことをいう（個情

法第 16 条）．なお，本章での個人情報保護法の条文は，「デジタル社会の形成を図るための関係法律の整備に関する法律（2021 年 5 月 12 日成立）」による改正後のものによる．

　個人情報取扱事業者が法律上の義務を果たしていないと疑われる場合には，監督機関である**個人情報保護委員会**（personal information protection commission Japan）が，報告を求めたり立入検査を行ったりすること（個情法第 146 条）や，必要な指導・助言を行うことができる（個情法第 147 条）．その結果，事業者に義務違反が認められる場合，個人情報保護委員会は勧告および命令（個情法第 148 条）を行うことができ，その命令にしたがわないときには 1 年以下の懲役，または 100 万円以下の罰金（個情法第 178 条），また，報告に虚偽・懈怠があったとき 50 万円以下の罰金（個情法第 182 条）といった処罰の対象となる．なお，法人等の業務に際して従業員が行った場合，法人に対しても，罰金刑が科せられる（個情法第 184 条）．

　この個人情報取扱事業者の義務の 1 つとして，「その取り扱う個人データの漏えい，滅失又は毀損の防止その他の個人データの安全管理のために必要かつ適切な措置」を講じる安全管理措置義務（個情法第 23 条）が課せられている．要するに，情報セキュリティ対策を行うことが義務付けられているのである．

　安全管理措置義務の具体的な内容，講じなければならない措置の具体的な内容については，個人情報保護委員会の指針（概要）を**表 6.2** に示す．

　これらの項目は，技術者の立場からすれば抽象的かつ常識的すぎて，具体的にどこまでやったらよいのかわからないというものが多いが，これでもガイドラインとしては踏み込んでいるほうである．こうした規定が抽象的になる理由は，第一に，法的に義務付ける内容は，それに違反すると不利な扱いや罰則の対象となるから，慎重な書き方にならざるをえないということ，第二に，多様化した技術を法的な義務として限定的に記述することは，法律と技術の両方に通じた専門家であっても難しいということ，そして，第三に，求められる情報セキュリティ対策は技術の進展や普及の度合いによって急速に変化するが，法的義務は頻繁に変えることができないため，具体的な表現は避けるべきであることである．このような背景もあって，実際に安全管理措置義務違反に問われるのは，インシデントが明るみになったケースがほとんどであろう．いいかえれば，法的に正しい対応とは，「できる限り安全な対策をとり，インシデントが発生しないように努めること」になる．

表 6.2 講ずべき安全管理措置の内容

（個人情報保護委員会：個人情報保護法ガイドライン（通則編），（別添）講ずべき安全管理措置の内容（2016 年 11 月，2017 年 3 月一部改正）をもとに作成）

種類	講じなければならない措置
①規律の整備	個人データの取扱いに係る規律の整備
②組織的安全管理措置	(i)　組織体制の整備 (ii)　個人データの取扱いに係る規律にしたがった運用 (iii)　個人データの取扱状況を確認する手段の整備 (iv)　漏えい等の事案に対応する体制の整備 (v)　取扱状況の把握および安全管理措置の見直し
③人的安全管理措置	従業者の教育
④物理的安全管理措置	(i)　個人データを取り扱う区域の管理 (ii)　機器および電子媒体などの盗難等の防止 (iii)　電子媒体等をもち運ぶ場合の漏えい等の防止 (iv)　個人データの削除および機器，電子媒体等の廃棄
⑤技術的安全管理措置	(i)　アクセス制御 (ii)　アクセス者の識別と認証 (iii)　外部からの不正アクセス等の防止 (iv)　情報システムの使用にともなう漏えい等の防止

　また，個人情報保護法以外にも，特に社会的な影響が大きい事業者に対しては，個別の事業法において情報セキュリティに関して特別な対策が求められている．例えば，電気通信事業者に対しては，電気通信事業法 第 41 条第 1 項により，電気通信設備の維持義務を課されており，これにもとづいて，総務省が「電気通信設備の技術基準」を定めている．銀行については，情報システムの安全性についても，金融庁の監査対象になっている．

6.2.2　クラウドサービスから情報が漏えいした場合には どのような法的責任が問題になるのか

　情報システムを利用する企業には，システムの不具合によって個人情報の漏えい等が生じないようにする注意義務があり，損害が発生した際には賠償責任を負う場合があると考えられている．

　表 6.3 をみると，この注意義務のレベルは，時とともに変化することがわかる．

表 6.3　個人情報漏えいに関する係争例
（各事案の判決等をもとに作成）

事　件	事案概要	問題とされた点	損害賠償	情報（件数）
2002 年 宇治市住民票データ流出事件（最決平 14・7・11）	データの処理を委託していた事業者の再々委託先のアルバイトが，名簿業者に販売，インターネット上に流出．	再委託を安易に承認，再委託先との間で秘密保持の取決めなし，安易に社外での作業を承諾など．	原告 1 人あたり慰謝料 10,000 円，および弁護士費用 5,000 円（民法第 715 条）	京都府宇治市の住民基本台帳データ（約 21 万件）
2007 年 Yahoo!BB 顧客情報流出事件（最決平 19.12.14）	ISP の業務委託先から派遣されて顧客データベースのメンテナンスを行っていた者が，業務終了後にリモートアクセスし，顧客情報を取得．	リモートアクセスの危険性を考えれば，アクセス管理等の企業として果たすべき管理義務が十分果たされていない．	原告 1 人あたり慰謝料 5,000 円，および弁護士費用 1,000 円（民法 709 条，710 条）	ISP サービスの加入者の個人情報（合計約 1100 万件）
2007 年 TBC アンケート情報流出事件（東京高判平 19.8.28）	サーバのメンテナンス時に，インターネットに接続されているサーバに，アクセス制限のない状態で保存．	情報の性質からも精神的苦痛が大きい．	慰謝料 30,000 円，および弁護士費用 5,000 円（民法 715 条）	エステティックサロンのアンケート回答
2016 年 ベネッセ顧客情報流出事件（大阪高判平 28.6.29）	システム開発・運用を行っていた委託先の従業員（SE）が，個人情報を管理するデータベースから不正にもち出して販売．	委託先企業にデータ書出し制御の措置を講ずるべきなどの注意義務が果たされていない．	原告 1 人あたり慰謝料 2,000 円	顧客情報（約 3504 万件）

2004 年や 2007 年の事例では，現在振り返ってみるとかなりずさんな管理がされていたが，2016 年の事例では，入退室管理，監視カメラ，ワイヤロックによる施錠，もち出し禁止，認証 ID パスワードの定期更新，端末設定の変更禁止，外部ストレージの制御など，従来の基準でみれば基本的な対策はとられていた（株式会社ベネッセホールディングス「個人情報漏えい事故調査委員会による調査報告について」（平成 26 年 9 月 25 日））．求められるセキュリティレベルは常に高まることを意識し，そのときの技術的動向に応じたセキュリティ対策が求められることに注意が必要である．

クラウドシステムからの情報漏えいであっても，クラウドを利用するうえでの必要な対応を怠っていれば，責任が問われることがある．しかし，どの利用者に対しても同じ利用規約にもとづいて提供されることが多いクラウドサービスについて，利用者側として行いうる対策は限られている．最低限，適切な委託先の選定，適正な委託契約の締結を心がけて，問題がある事業者を選ばないことや，問題が発覚した場合には事業者の変更を行うことが求められていると考えられる．例えば，情報セキュリティ対策等の運用状況について，利用企業に対して一定の報告を行っているクラウド提供者であれば，より望ましいといえる．

なお，IPA が，前述の「情報システム・モデル取引・契約書」で参照されるセキュリティ基準等公表情報の一例として，「**情報システム開発契約のセキュリティ仕様作成のためのガイドライン**」と「**セキュリティ仕様策定プロセス**」を同時に公開している．こうした基準を参考に，業態として要求されるレベルを満たしているかどうか確認することが望ましい．要求されるレベルに達していない場合には，監督官庁からの指導や，当該個人情報の対象者からの損害賠償請求を受ける可能性がより高くなると考えられる．

また，個人情報取扱事業者は，個人データの漏えい・滅失・毀損等のインシデントが発生した場合には，原則として，個人情報保護委員会に報告する義務があることも忘れてはならない（個情法第 26 条）．ただし，個人データの処理の委託を受けている事業者は，個人情報取扱事業者である委託元に通知をすれば，個人情報保護委員会への報告や本人への通知は求められないとされている．また，高度な暗号化等の秘匿がされているなどの理由で，実質的に外部に漏えいしていないとみなしうる場合や，メールの誤送信等のうち軽微なものについては，報告を要しないとされている．それ以外の場合には，原則として報告が求められる．さらに，事案の内容に応じて，事実関係や再発防止策の公表や，可能であれば本人

への連絡を，速やかに行う必要がある．

6.2.3　クラウドに蓄積してはいけない情報はあるのか

　情報の種類によっては，クラウド上であるかどうかにかかわらず，情報システムに蓄積すること自体が法的に問題とされる可能性がある．具体的には，(1) 個人情報，(2) マイナンバー，(3) 著作物，(4) 営業秘密，(5) 技術情報といったものについては，注意が必要である．

(1)　個人情報

　個人情報の取扱いには，個人情報全般に関して，利用目的を特定して（個情法第 17 条），その範囲内で利用することと（個情法第 18 条），利用目的を通知・公表していること（個情法第 21 条）が必要である．つまり，利用目的を公表していない個人情報を処理したり，利用目的以外の目的で個人情報を処理したりすることは許されない．

　さらに，不当な差別等につながりやすいとされる**要配慮個人情報**を取得するためには，原則として，本人の同意が必要である（個情法第 20 条 2 項）．この要配慮個人情報にあたるのは，「本人の人種，信条，社会的身分，病歴，犯罪の経歴，犯罪により害を被った事実」などが含まれる個人情報であり，これらについては，本人の同意なく情報システムに保存すること自体が禁止されている．

　したがって，情報システムにどのような情報が蓄積されているのか，それは利用目的として公表しているものと合致しているのか，要配慮個人情報が含まれていないかといったことを，誰がチェックしているかを確認しておかなければならない．

　また，個人データの第三者への提供は原則として禁止されており，提供する場合には法令にもとづく場合等の例外規定に該当しなければ，本人の事前の同意が必要である（個情法第 27 条）．さらに，情報提供元の事業者にとっては個人データ等にあたらない情報であっても，情報提供先の事業者のもっている情報と掛け合わせることで，個人データになる場合に注意しなければならない．この場合も，第三者への提供と同様に，本人の同意等が必要になる（個情法第 31 条）．

　なお，例外規定や本人の同意にもとづいて第三者への提供を行う場合でも，提供した個人データに関する記録（提供年月日，提供先の氏名・名称等）を作成し，保存しなくてはならない（個情法第 29 条）．反対に個人データを第三者から受け

取る場合には，提供元（氏名・名称・住所等）とともに，提供されるデータがどのような経緯で取得されているかを確認し，その記録を作成・保存しなければならない（個情法第30条）．

さらに，保有している個人データについて，開示・訂正・利用停止・提供停止等を行う権限をもっている場合には，本人からの要請を受けて，その要請が法律上の要件を満たすかどうかを確認し，必要に応じてこれらの対応を行う必要がある（個情法32〜39条）．したがって，情報システム上も，こうした対応が可能な状態にしておかなければならない．

(2) マイナンバー

マイナンバー（**個人番号**）とは，「行政手続における特定の個人を識別するための番号の利用等に関する法律」（略称：番号法）にもとづき，社会保障，税，災害対策の目的で行政手続きに利用するために，日本に住民票のあるすべての人に付番されている12桁の番号である．マイナンバーを含む情報（**特定個人情報**）をシステム上に保存する場合には，情報にアクセスできる者を業務上（マイナンバーの利用が法定されている業務に限られる）必要のある者に厳格に限定する必要がある．

ここで，マイナンバーの利用が法定されている業務とは，社会保障，税，災害対策の目的でマイナンバーの利用ができることが法律に規定された手続きであり，それ以外のマイナンバーの取得・利用・提供は禁止されている（番号法第20条，第29条等）．また，個人情報保護法と同様の安全管理措置義務等に加え，委託先について，委託元の同意がなければ再委託が行えないことなどが定められている（番号法第10条第1項）．さらに，不適正な利用や不正取得に対しては罰則が設けられている（番号法第48条〜第57条）．

(3) 著作物

他人の著作物を許諾なく情報システムに保存することは，著作権法に定められている著作権の侵害になる可能性がある．

著作権（copyright）とは，創作的な表現を保護するものであり，知的活動の成果物はほとんどすべてその保護を受ける．権利者以外の者が，著作権法により，著作権が認められているような行為（複製，上演，演奏，上映，公衆送信等）を行う場合には，著作者の許諾をとる必要がある．

ただし，権利者の利益を侵さない範囲で，一定の場合に著作権が制限されており，これを一般に**権利制限規定**という（同法第30条以下）．すなわち，私的使用

のための複製，引用，その他（図書館，教育分野等での例外など）に該当する場合には，許諾なしで著作物を利用することができる．コンピュータやネットワークにおける著作権の利用には，**私的使用のための複製**（同法第30条）として許容されているものも多い．ここで，**私的使用**とは，著作権の目的となっている著作物を「個人的に又は家庭内その他これに準ずる限られた範囲内において使用することを目的とするとき」は，自動複製機器，コピープロテクトの解除，海賊版ダウンロードなどにあたる場合を除き，「その使用する者が複製することができる」と規定されていることを指す．例えば，CD に録音されている音楽を，私的使用の範囲で PC やスマートフォンにコピーして聴くことは許容されている．

一方，他人の著作物を業務用の情報システムに保存している場合には，権利者から許諾を得るか，権利制限規定によって許容されているかの，どちらかであることを確認しなければならない．

業務に利用する目的で他人の著作物を複製等することについては，基本的に私的使用のための複製などにはあたらないと考えられているから，企業が他人の著作物を業務上，複製するためには，原則として著作者の許諾を得なければならない．したがって，多くの企業で行われている新聞や雑誌をコピーして回覧するような行為はそもそも著作権法に照らせば違法行為であり，情報システムに保存して社内で共有・閲覧することも著作権侵害となることに注意が必要である．いいかえれば，著作権の権利処理を行わずに，著作物を資料として共有するような情報システムを運用することは許されない（次ページコラム 6.3 参照）．

(4) 営業秘密

情報システムに重要な営業秘密を保管する場合には，営業秘密として認められる要件を満たしているかどうかにも注意が必要である．なぜなら，法的に営業秘密として認められなければ，法的な保護が受けられず，営業秘密が侵害されても，告訴，差止め，損害賠償などが困難になるからである．

営業秘密として保護される要件としては，秘密管理性，有用性，非公知性がある．このうち，秘密管理性が認められるためには，①アクセス制限，②認識可能性が必要になる．具体的にいうと，少なくとも，情報に接することができる従業員等に対して，営業秘密保有企業の秘密管理意思が秘密管理措置によって明確に示されており，当該秘密管理意思に対する従業員等の認識可能性が確保されていることが必要であると考えられている（経済産業省：営業秘密管理指針，平成15年1月30日（最終改訂：平成31年1月23日））．

●COLUMN●

コラム 6.3 （事例 2）社会保険庁 LAN システム事件
（東京地判 平成 20 年 2 月 26 日）

　社会保険庁の職員によって，社会保険庁 LAN システム中の電子掲示板に自分の著作物である雑誌記事をそのまま掲載されたことについて，著者であるジャーナリストが，掲載記事の削除，原告のすべての著作物についての掲載の予防的差し止め，損害賠償の支払いを求めた事案である．

　裁判所は，社会保険庁職員が，社会保険庁職員が利用する電気通信回線に接続している本件 LAN システムの本件掲示板用の記録媒体に，本件著作物を順次記録した行為は，本件著作物を，公衆からの求めに応じ自動的に送信を行うことを可能化したもので，原告が専有する本件著作物の公衆送信（自動公衆送信の場合における送信可能化を含む）を行う権利を侵害するものであり，また著作権法 42 条 1 項（裁判手続・立法・行政の目的のための内部資料としての複製に関する権利制限規定）は，公衆送信を行う権利の侵害行為について適用されないことは明らかであるなどとして，請求を一部認容した．

(5)　技術情報

　技術情報については，政府により，輸出管理規制が課せられている場合がある．

　すなわち，国際的な安全保障輸出管理規制である「通常兵器及び関連汎用品・技術の輸出管理に関するワッセナー・アレンジメント」（The Wassenaar Arrangement on Export Controls for Conventional Arms and Dual-Use Goods and Technologies, 略称：ワッセナーアレンジメント）に対応するため，日本政府としても，外国為替及び外国貿易法（略称：外為法）に，特定技術（大量破壊兵器や通常兵器の開発・製造等に関連する資機材並びに関連汎用品の輸出やこれらの関連技術）を外国に提供する取引（**役務提供取引**）に関する規制を置き，許可制としている（外為法第 25 条）．

　例えば，一定の暗号技術を外国に提供することは，この役務提供取引に該当する．したがって，日本のユーザが特定技術を含むデータをクラウド上にアップロードしたところ，たまたま当該クラウドサーバが外国にあったというような場合には，外為法上の許可が必要になるがどうかが問題となる．これに対して，経済産業省は，「ユーザ企業が特定技術を自ら使用するためにクラウドベンダのサーバに情報を保有・保管するのみであれば，役務提供取引には該当しない」（経済産業省，

安全保障貿易管理 Q&A 技術関連 Q 55）という考え方を示しているが，情報の種類に応じた適切な管理がなされていないと問題となる可能性がある．

6.3　国境を越えるクラウドと外国法の適用

6.3.1　日本国内のデータを，外国のクラウドに保存することに法的な制限はあるのか

　個人情報保護法は，個人情報取扱事業者が，国外の第三者への個人データ提供を行うことを原則として禁止している（個情法第 28 条）．国外の第三者への提供が認められるのは，その第三者が，次のいずれかに該当する場合に限られる．

i)　　わが国と同等の水準の個人情報保護の制度を有している国にある場合（詳細は個人情報保護委員会規則で規定）

ii)　　個人情報取扱事業者が行わなければならない措置を講じることができる体制（詳細は個人情報保護委員会が基準を策定）を整備している場合

　国内の第三者への提供については，委託先への提供，事業承継，共同利用のいずれかであれば**第三者**にあたらないとされているが，外国の第三者についてはこうした例外も適用されず，原則として本人の同意が必要となる．また，国内の第三者への提供においては許されているオプトアウト[*1]による提供（個情法第 27 条第 2 項）も認められない．

　なお，すでに述べたように，個人データの第三者への提供には，国内であっても原則として本人の同意が必要である．ただし，国内の場合には，クラウドサービスの利用は個人データ処理の委託であると考えられる場合が多く，委託先はこの第三者に含まれない（個情法第 27 条 5 項）ので，国内のクラウド提供者のサービスを利用する際には，そのクラウド事業者のクラウドサーバに，本人の同意がなくても個人データを転送できると考えられている．

　しかし，国外のクラウド提供者は上記の委託先には該当しないため，国外のク

---

*1　**オプトアウト**：本人の求めに応じて個人データの第三者への提供を停止することを条件に，本人の同意がなくても第三者提供を許容する制度．

ラウド提供者のサーバに個人データを移転することは、「個人データを取り扱わない旨」がクラウド提供者の提供条件（利用規約や約款）に定められている場合などを別にして、本人の同意がなければ原則として禁止される.

外国にサーバのあるクラウドサービスで、本人の同意なく個人データを扱うことができるのは、個人情報保護法第 28 条の例外要件（同等性認定、基準適合体制）のいずれかを満たしている場合に限られ、その際も第三者への提供に義務付けられている記録の作成と保存を行う必要がある（個情法第 29 条）. さらに、クラウドサーバの場所が明らかにされないサービスについては、そもそも例外要件を満たしていることの確認ができないため、個人データを扱うことが難しい.

6.3.2 外国の顧客に関する情報を取り扱う場合には顧客のいる国の法律が適用されるのか

国際社会において独立国と認められている国家は、国際法上、自国外の人やものに対しても、適用される法律を制定することができるとされている. そして、日本にあるデータに対しても、外国法の適用が主張される場合がある. 特に最近のデータに関する規制では、その法律を定めた国（EU の場合は地域）以外の領域に対する法律の適用（**域外適用**）があることが規定されているものが多い.

たとえば、EU の**一般データ保護規則**（GDPR: General Data Protection Regulation）では、EU 域内で処理されている個人データ（EU 域内の企業等が取得した情報）を、EU 域外に移転することを原則として禁止している. 移転が許されるのは、EU が十分なレベルの保護（いわゆる、十分性の基準を満たすこと）がなされていると認める場合などに限られる. 現在は、欧州委員会（EC: European Commission）が、日本に対する十分性を認める決定をしているため、これにもとづいて EU から日本への個人データの移転を行うことができるが、EU から移転された個人データについては、「**個人情報の保護に関する法律に係る EU 域内から十分性認定により移転を受けた個人データの取扱いに関する補完的ルール**（Supplementary Rules under the Act on the Protection of Personal Information for the Handling of Personal Data Transferred from the EU based on an Adequacy Decision）」という、わが国の個人情報保護法よりも厳しい基準のガイドラインを日本の個人情報保護委員会が定めており、これを遵守することが求められる.

また、GDPR は、EU 域外の者が EU 域内にいる人の個人情報を取り扱う場合

にも，広く適用されるという立場を採っているので，EU域内から直接個人デー
タを取得する場合，EU域外の者でもGDPRの全規定を遵守することが求められ
ている．なお，わが国の個人情報保護法も，2015年および2020年の改正によっ
て，域外適用に関する規定が導入・強化されている（個情法第171条）．

EUなどが，域外の企業に対して，公権力行使にあたる強制的な法執行を直接
的に行うことは国際法上の問題を生じうるが，任意の照会に関しては，ある程度
は応じざるをえなくなることも考えられる．さらに，GDPRは，個人情報を処理
する者に対して代理人の設置を義務付けており，代理人に対して直接制裁金や罰
則を課す可能性も示唆されているため，代理人の選任にあたってはそうしたこと
も考慮する必要がある．

6.3.3 外国政府への情報提供や捜査機関への協力を求められたら 協力しなくてはならないのか

クラウド利用者として考慮すべきことの1つに，外国にある自社の情報が，その外
国の法執行機関（捜査機関等）によって取得されるリスクがある．例えば，米国の**愛
国者法**（Uniting and Strengthening America by Providing Appropriate Tools
Required to Intercept and Obstruct Terrorism Act of 2001，略称：**PATRIOT
Act**）では，FBI長官等の捜査機関が必要と認める場合には，独自の判断で，サー
バ上の情報の広範な範囲を捜索・差押えができるとしている．また，米国の民事
手続きでは，訴訟の当事者からの請求にもとづいて裁判所が広範な資料の提出を
命じる制度（**ディスカバリー**（discovery））がある．クラウド提供者に対してこ
うした命令が出されることがあり，非開示に対しては，法廷侮辱罪や訴訟上不利
に扱われるなどの制裁がある．

政府による情報開示請求は，どの国でも行われる可能性があり，国によっては
情報開示の事実自体がユーザにまったく知らされない場合もありうる．クラウド
に蓄積するデータの性質とクラウド提供者の提供条件などをよく勘案して，強制
的な情報開示によるリスクをあらかじめよく分析しておくことが望ましい（1.4.5
項も参照）．

さらに，クラウドを利用するか否かにかかわらず，外国の政府機関等が，企業
等に対して直接，情報の提供を求めてくることは，今後増えていく可能性が高い．
外国の法執行機関が，日本国内にいる者を日本国に断りなく逮捕したりすること

は，国家主権の侵害になる．しかし，法執行機関による外国にある情報の収集は侵害とはみなされない場合がある．もちろん，当該国の主権に配慮すべきではあるが，諸外国の法令では外国の企業等に対しても情報の提供等を求めることを定めているものがある．

例えば，米国では，**クラウド法**（Clarifying Lawful Overseas Use of Data Act，略称：**CLOUD Act**）が制定されており，捜査の対象となる通信内容や通信記録等の情報が米国外にある場合でも，米国の捜査機関は令状にもとづき，情報の保全や開示を求めることができるとされている．米国では従来から法律の根拠さえあれば，国外にある情報に対する捜査も許容されうると考えられており，国外の企業であっても，捜査に関する照会や協力要請はためらわずに行われるのが，むしろ普通である．

一方，国外の捜査機関から捜査協力の要請があった場合には，自社が保有する情報の提供がわが国の個人情報保護法の違反になる可能性も考慮する必要がある．わが国の関係当局に相談したうえで対応したほうがよいだろう．

参 考 文 献

1) 松尾剛行：クラウド情報管理の法律実務，弘文堂（2016）
2) 小向太郎：情報法入門（第 6 版）デジタルネットワークの法律，NTT 出版（2022）
3) 宇賀克也：新・個人情報の逐条解説，有斐閣（2021）

索　引

た 行

〈編著者・著者略歴〉

金子　格（かねこ　いたる）

編集・執筆担当：1.1 節
1980 年　早稲田大学 工学部電気工学科 卒業
2004 年　博士（情報科学）
現　在　東北大学 CDS 技術補佐員
　　　　早稲田大学 知覚情報システム研究所 招聘研究員
　　　　株式会社ハートビートサイエンスラボ 技術顧問

石黒正揮（いしぐろ　まさき）

執筆担当：4.1 節～ 4.3 節，4.5 節～ 4.7 節，5.2 節
1994 年　東京大学 大学院理学系研究科 修士課程
　　　　情報科学専攻修了
2000 年　米国 SRI International（旧スタンフォー
　　　　ド研究所）客員研究員
2008 年　博士（情報科学）
現　在　株式会社三菱総合研究所 デジタルイノ
　　　　ベーション本部 サイバーセキュリティ
　　　　戦略グループ

櫻田武嗣（さくらだ　たけし）

執筆担当：第 1 章，4.4 節
2000 年　郵政省 通信総合研究所 研究員
2003 年　東京農工大学 大学院工学研究科 博士後
　　　　期課程修了，博士（工学）
現　在　アマゾンウェブサービスジャパン合同会
　　　　社 シニアソリューションアーキテクト，
　　　　一般社団法人 情報通信医学研究所 理事

小川宏高（おがわ　ひろたか）

執筆担当：第 4 章，5.1 節
1998 年　東京大学 大学院工学系研究科 博士課程
　　　　中退
2009 年　博士（理学）（東京工業大学）
現　在　産業技術総合研究所企画本部企画室産業
　　　　技術総括調査官

千葉立寛（ちば　たつひろ）

執筆担当：第 2 章，3.1 節（共著），3.3 節～ 3.9 節
2006 年　東京工業大学 理学部情報科学科 卒業
2011 年　東京工業大学 情報理工学研究科 数理・
　　　　計算科学専攻 博士課程修了，博士（理学）
同　年　日本アイ・ビー・エム株式会社 東京基礎
　　　　研究所 入社
現　在　日本アイ・ビー・エム株式会社 東京基礎
　　　　研究所 Cognitive Systems マネージャー

小向太郎（こむかい　たろう）

執筆担当：第 6 章
1987 年　早稲田大学 政治経済学部政治学科 卒業
2007 年　中央大学 大学院法学研究科 博士後期課
　　　　程修了，博士（法学）
現　在　中央大学 国際情報学部 教授

林　良一（はやし　りょういち）

執筆担当：3.1 節（共著），3.2 節
1996 年　東京工業大学 工学部機械物理工学科 卒
　　　　業
2001 年　東京工業大学 大学院理工学研究科 機械
　　　　物理工学専攻 博士課程修了，博士（工学）
同　年　日本電信電話株式会社 サイバースペース
　　　　研究所 入社
現　在　日本電信電話株式会社 ソフトウェアイ
　　　　ノベーションセンタ 主任研究員

クラウドシステム移行・導入
—アーキテクチャからハイブリッドクラウドまで—

2022 年 3 月 24 日　　　第 1 版第 1 刷発行

編 著 者　金 子　　格
著　　者　石 黒 正 揮・小 川 宏 高・小 向 太 郎
　　　　　櫻 田 武 嗣・千 葉 立 寛・林　　良 一
発 行 者　村 上 和 夫
発 行 所　株式会社 オーム社
　　　　　郵便番号　101-8460
　　　　　東京都千代田区神田錦町 3-1
　　　　　電話　03(3233)0641(代表)
　　　　　URL　https://www.ohmsha.co.jp/

印刷・製本　三美印刷
ISBN978-4-274-22836-0　Printed in Japan

本書の感想募集　https://www.ohmsha.co.jp/kansou/
本書をお読みになった感想を上記サイトまでお寄せください．
お寄せいただいた方には，抽選でプレゼントを差し上げます．